Yvonne Querner
Empfindlichkeitssteigerung bei pyroelektrischen Infrarotsensoren
durch interne thermische Verstärkung

TUDpress

DRESDNER BEITRÄGE ZUR SENSORIK

Herausgegeben von

Gerald Gerlach

Band 47

Yvonne Querner

Empfindlichkeitssteigerung bei pyroelektrischen Infrarotsensoren durch interne thermische Verstärkung

TUDpress

2012

Die vorliegende Arbeit wurde am 1. Juni 2012 als Dissertation an der Fakultät Elektrotechnik und Informationstechnik der Technischen Universität Dresden eingereicht und am 17. Oktober 2012 erfolgreich verteidigt.

Vorsitzender der Prüfungskommission:	Prof. Dr.-Ing. habil. Jürgen Czarske
Gutachter:	Prof. Dr.-Ing. habil. Gerald Gerlach
	Prof. Dr.-Ing. Thomas Elbel

Bibliografische Information der Deutschen Nationalbibliothek
Die Deutsche Nationalbibliothek verzeichnet diese Publikation in der Deutschen Nationalbibliografie; detaillierte bibliografische Daten sind im Internet über http://dnb.d-nb.de abrufbar.

Bibliographic information published by the Deutsche Nationalbibliothek
The Deutsche Nationalbibliothek lists this publication in the Deutsche Nationalbibliografie; detailed bibliographic data are available in the Internet at http://dnb.d-nb.de.

ISBN 978-3-942710-93-0

Verlag der Wissenschaften GmbH
Bergstr. 70 | D-01069 Dresden
Tel.: 0351/47 96 97 20 | Fax: 0351/47 96 08 19
http://www.tudpress.de

Gesetzt vom Autor.
Printed in Germany.

Für meine Familie

Der Einfall ist ein Schritt mit dem Siebenmeilenstiefel,
die Ausführung der Weg zurück zu Fuß.

Peter Tille

Vorwort des Herausgebers

Pyroelektrische Sensoren haben eine große Bedeutung für die Infrarotmesstechnik. Da sie insbesondere zeitliche Änderungen der Temperatur infolge Infrarotstrahlung detektieren können, finden sie z. B. in Bewegungsmeldern und in der Gasanalyse ein breites Anwendungsgebiet. In einer kürzlich verteidigten Dissertation (Marco Schossig: Ultradünne, freitragende Lithiumtantalat-Elemente für hochdetektive Infrarotsensoren. Dresdner Beiträge zur Sensorik, Band 44. Dresden: TUDpress 2012) konnte eine spezifische Detektivität für Lithiumtantalat-basierte Sensoren erreicht werden, die bis auf den Faktor 2 an das theoretische Limit infolge von Strahlungsrauschen heranreicht. Frau Querner greift diese Entwicklungstendenzen auf und versucht, durch neue Ansätze der Gestaltung des pyroelektrischen Sensorelements dessen Empfindlichkeit weiter zu steigern (wobei jedoch die spezifische Detektivität konstant bleibt). Dabei betrachtet sie zwei Ansätze:

(i) Abgedünnte Sensorbereiche, die durch die IR-Strahlung schneller erwärmt werden und so durch laterale Wärmeleitung zu einer zusätzlichen Erwärmung der aktiven, dickeren Sensorbereiche führen. Hier ist von entscheidender Bedeutung, dass die so verursachte Empfindlichkeitssteigerung den Verlust an Empfindlichkeit infolge der verringerten aktiven Sensorfläche deutlich übersteigt.

(ii) Interferierende Schwingungen der räumlichen Temperaturverteilung, die zu einer Überlagerung der Erwärmung in den aktiven Sensorbereichen führen.

Während der letztere Ansatz nur theoretisch gezeigt, aber durch Begrenzungen bei der verfügbaren Messtechnik noch nicht praktisch verifiziert werden konnte, ließen sich für die strukturierten Sensorelemente klare Bedingungen berechnen und messtechnisch nachweisen, so dass eine Umsetzung in kommerziellen Produkten möglich erscheint. In diesem Sinn leistet die Dissertationsschrift von Frau Dr.-Ing. Yvonne Querner einen originellen und bedeutsamen Beitrag zur Weiterentwicklung des technischen Standes von pyroelektrischen IR-Sensoren. Ich wünsche der Arbeit deshalb die ihr zustehende Aufmerksamkeit der Fachwelt.

Dresden, im Oktober 2012 Gerald Gerlach

Vorwort des Autors

Die vorliegende Arbeit entstand während meiner Tätigkeit als wissenschaftliche Mitarbeiterin am Institut für Festkörperelektronik (IFE) der Technischen Universität Dresden. Die Arbeit knüpft an die langjährige Forschungstätigkeit des IFE auf dem Gebiet der pyroelektrischen Strahlungssensoren an und zeigt, dass mit einem neuartigen Einsatz von Aktiv-Passiv-Strukturen in der empfindlichen Fläche von pyroelektrischen Einelementsensoren, die Empfindlichkeit dieser Sensoren weiter gesteigert werden kann. Ausgehend von der Idee, über die analytische und numerische Modellierung und Simulation werden mit einer für diese Anwendung optimierten Technologie strukturierte Sensorelemente hergestellt und der erfolgreiche Nachweis erbracht, dass mit dieser räumlichen Strukturierung der empfindlichen Fläche von pyroelektrischen Sensoren, deren Empfindlichkeit deutlich gesteigert werden kann.

Zum Gelingen der Arbeit haben viele Kollegen und Freunde beigetragen, denen ich an dieser Stelle herzlich danken möchte. Mein besonderer Dank gilt

- meinem Doktorvater Herrn Prof. Dr.-Ing. habil. Gerald Gerlach für seine kontinuierliche Unterstützung und Förderung der Arbeit,
- Herrn Prof. Dr.-Ing. Thomas Elbel für die Übernahme der Betreuung und die hilfreichen Hinweise,
- allen Mitarbeitern des Instituts für Festkörperelektronik für die vielen anregenden Diskussionen bei vielen theoretischen und praktischen Arbeiten, insbesondere Herrn Dr.-Ing. Volkmar Norkus, Herrn Dr.-Ing. Marco Schossig, Herrn Dipl.-Ing. Siegfried Kostka und besonders Frau Ulrike Lehmann für die Unterstützung bei allen technologischen Problemen und die Herstellung der Sensoren,
- der Deutschen Forschungsgemeinschaft (DFG) für die finanzielle Unterstützung der Arbeit sowie
- meiner Familie und meinen Freunden für ihre Geduld, Motivation und Unterstützung.

Dresden, im Oktober 2012 — Yvonne Anne Querner

Abstract

This work describes a noval method for increasing the sensitivity of pyroelectric detectors. A three-dimensional pattern is etched into the sensitive area. This leads to thicker electrical active areas and thinner electrical passive areas. In such a structure a lateral heat flux from thinner to thicker regions is generated due to faster heating of the thinner parts based on minor thermal mass. This additional heat flow into the thicker electrically active areas increases the output signal of the sensors for equal radiation fluxes and hence increases the responsivity compared to an unstructured sensor.

The qualitative effect of the structuring parameters on the increase of sensitivity can be estimated with adapted analytical models and numerical simulations. Based on the simulation results a design guide for structured sensors was derived and single-element detectors with different structure widths were produced. The realisation of a very thin and homogenous thickness in the passive areas over the whole sensitive element is a big technological challenge.

Furthermore, the influence of different absorption layers are analysed and their production requirements for the use in the structured areas are discussed and evaluated.

As a result of the three-dimensional pattern the sensitivity can be increased up to 45 % and for sensors with an additional absorption layer even up to 60 %.

The final chapter presents a second method for increasing the responsivity of pyroelectric detectors where the superposition of thermal waves in structures with specially adjusted dimensions leads to an increase of the temperature amplitude. In this process the absorption areas of the incident radiation and the place of the sensitive element are spatially separated from each other. This opens a wide field of new sensor applications.

Inhaltsverzeichnis

Symbolverzeichnis

a ... Temperaturleitfähigkeit, Stegbreite, Strukturbreite, Beschleunigung
b ... Elementbreite, Lackkantenbreite
c ... spezifische Wärmekapazität
c_0 ... Lichtgeschwindigkeit im Vakuum
c_p ... spezifische Wärmekapazität des Pyroelektrikums
c' ... volumenspezifische Wärmekapazität
c'_p ... volumenspezifische Wärmekapazität des Pyroelektrikums
d ... Schichtdicke, Abstand
d_a ... Sensorelementdicke
d_Chip ... Sensorchipdicke am Rand
d_FE ... Dicke der Frontelektrode
d_L ... Lackdicke
d_p ... Elementdicke im passiven Bereich
e ... Elementarladung
f ... Frequenz
g ... Erdbeschleunigung
g_m ... Kanalleitwert
h ... PLANCKsches Wirkungsquantum, Höhe
i_p ... pyroelektrischer Strom
i_Q ... Wärmestrom
j ... imaginäre Einheit
$[k]$ ... Leitfähigkeitsmatrix
k_B ... BOLTZMANN-Konstante
k_i ... Konstanten
l ... Länge, Elementkantenlänge
n ... Anzahl der Ätzgruben, Schleuderdrehzahl
p ... pyroelektrischer Koeffizient
q ... Wärmestromdichte
q_v ... Wärmeleistung pro Volumenelement
r ... Radius
s ... Grubenweite
t ... Zeit
t_B ... Belichtungszeit
t_Entw ... Entwicklungszeit

$\tan\delta$	...	dielektrischer Verlustfaktor
u	...	Signalspannung
u_{s}	...	Signalspannung am Vorverstärker
u_{R}	...	(Gesamt-) Rauschspannung am Vorverstärker
$u_{\mathrm{R,x}}$	...	Anteil x der Rauschspannung
v	...	Verstärkung
x	...	Koordinatenrichtung, Füllmaterial, Ortsvariable
y	...	Koordinatenrichtung
z	...	Koordinatenrichtung
A	...	Fläche
A_{FE}	...	Frontelektrodenfläche
A_{s}	...	empfindliche Fläche, Sensorfläche
A_{i}, A'_{i}	...	Konstanten
$A_{\mathrm{Ü}}$	...	Übertragungsfläche
B	...	Rauschbandbreite
B_{i}, B'_{i}	...	Konstanten
C	...	Gesamtkapazität
C_{eV}	...	Eingangskapazität des Vorverstärkers
C_{GK}	...	Gegenkopplungskapazität
C_{i}	...	Konstanten
C_{p}	...	Sensorelementkapazität
D	...	Verschiebungsdichte, Detektivität
D^*	...	spezifische Detektivität
D^*_{x}	...	Anteil x an der spezifischen Detektivität
E	...	elektrische Feldstärke, Bestrahlungsstärke
E_{pot}	...	potentielle Energie
ETF	...	Elektrische Transferfunktion
G	...	Leitwert
G_{Gas}	...	thermischer Leitwert der Wärmeleitung über das Gas
G_{Lat}	...	thermischer Leitwert der lateralen Wärmeleitung
G_{S}	...	Strahlungsleitwert
G_{th}	...	thermischer Gesamtleitwert
$G_{\mathrm{Üth}}$	...	thermischer Übergangsleitwert
H_{p}	...	Wärmekapazität des Sensorelementes
I_0	...	modifizierte Bessel-Funktion erster Gattung (0. Ordnung)
I_1	...	modifizierte Bessel-Funktion erster Gattung (1. Ordnung)
I_{g}	...	Gatestrom des FET
K_0	...	modifizierte Bessel-Funktion zweiter Gattung (0. Ordnung)
K_1	...	modifizierte Bessel-Funktion zweiter Gattung (1. Ordnung)

$M_{\lambda s}$	...	spezifische Ausstrahlung eines schwarzen Strahlers
$\{Q\}$	...	Lastvektor
ΔQ_p	...	Ladungsänderung im Pyroelektrikum
R	...	Gesamtwiderstand
$R_{\text{Ä}}$	...	Ätzrate
R_{eV}	...	Eingangswiderstand des Vorverstärkers
R_G	...	Gleichstromwiderstand
R_{GK}	...	Gegenkopplungswiderstand
R_p	...	Gleichstromwiderstand des Sensorelementes
$R_{\tan\delta}$	...	dielektrischer Verlustwiderstand
S	...	Sensitivität, Empfindlichkeit, Selektivität
S_v	...	schwarze Empfindlichkeit
$S_{v,B}$	...	Beschleunigungsempfindlichkeit
$S_{v\lambda}$	...	spektrale Empfindlichkeit
T	...	Temperatur
$\{T\}$	...	Knotentemperaturvektor
T_U	...	Umgebungstemperatur
ΔT_p	...	Temperaturänderung im Pyroelektrikum
ΔU_s	...	Änderung der Ausgangsspannung des Sensors
U_B	...	Betriebsspannung
V	...	Volumen
V_{aktiv}	...	Volumen der aktiven Bereiche
V_{passiv}	...	Volumen der passiven Bereiche
V_x	...	Anteil x des Volumens
W	...	Konstante
α	...	Absorptionsgrad
α_B	...	Bandabsorptionsgrad
γ	...	Faktor
δ	...	Verlustwinkel
ε_0	...	Permittivität des Vakuums
ε_p	...	relative Permittivität des Pyroelektrikums
θ	...	Ionenbeschusswinkel
λ	...	Wärmeleitfähigkeit, Wellenlänge
μ_i	...	thermische Diffusionslänge der Schicht i, Teilfunktion
ρ_p	...	spezifischer Widerstand des Pyroelektrikums
ϱ	...	Dichte, Reflexionsgrad
φ	...	Flankenwinkel, Winkel
$\Delta\Phi_s$	...	Änderung des Strahlungsflusses
τ	...	Transmissionsgrad

τ_{el} ... elektrische Zeitkonstante
τ_F ... Transmissionsgrad des Fenstermaterials
τ_{th} ... thermische Zeitkonstante
ω ... (Modulations-) Kreisfrequenz
∇ ... NABLA-Operator

Indizes

Ä ... Ätz-
abs ... Absorption-
D ... Verlustfaktorrauschen
ges ... gesamt-
G1 ... Gasschicht 1
G2 ... Gasschicht 2
i ... Zählindex
I ... Stromrauschen
m ... mittlere
max ... maximal
n ... normiert
P, p ... Pyroelektrikum
R ... (Kontakt-) Widerstand, Rausch-
str ... strukturiert
T ... Temperaturrauschen
th ... thermisch
unstr ... unstrukturiert
U ... Spannungsrauschen
x ... Indexvariable, Koordinatenrichtung
y ... Koordinatenrichtung
z ... Koordinatenrichtung

Symbolik

a ... Formelzeichen, Symbol
$|a|$ ... Betragswert
$\tilde{a}$ ... Effektivwert
$\hat{a}$ ... Amplitude
$\underline{a}$ ... komplexer Wert
Δa ... Änderung des Wertes
$\mathrm{d}a$ ... differentielle Änderung

Abkürzungsverzeichnis

0D	...	nulldimensional
1D	...	eindimensional
2D	...	zweidimensional
3D	...	dreidimensional
A	...	(Sensor-) Ausgang
Abb	...	Abbildung
Ag	...	Silber
Ag-SS	...	Silberschwarzschicht
Au	...	Gold
CaF_2	...	Calciumfluorid
CMP	...	Chemisch-Mechanisches-Polieren
D	...	Drain
ETF	...	Elektrische Transferfunktion
FE	...	Frontelektrode, Finite Elemente-
FEV	...	Frontelektrodenverstärkung
FEM	...	Finite Elemente Methode
FET	...	Feldeffekttransistor
FTIR	...	Fourier-Transformations-Infrarotspektrometer
Gl	...	Gleichung
Gra	...	Isolationsgraben
IR	...	Infrarot
LED	...	Light Emitting Diode
$LiTaO_3$	...	Lithiumtantalat
$LiNbO_3$	...	Lithiumniobat
M	...	Masse
Neg	...	Negativ
NiCr	...	Nickel-Chrom
NiCr-SS	...	Nickel-Chrom-Schwarzschicht
Pos	...	Positiv
P1-P4	...	Probenbezeichnungen
PVDF	...	Polyvinylidenfluorid
PZT	...	Blei-Zirkonat-Titanat
Q1, Q2, Qm	...	Bezeichnung für Messpunkte im empfindlichen Element
RE	...	Rückelektrode

REV	...	Rückelektrodenverstärkung
S	...	Source
Sch	...	Schüssel
SFET	...	Sperrschicht-Feldeffekttransistor
SsBod	...	Absorptionsschicht in den Gruben
SsStg	...	Absorptionsschicht auf den Stegen
SsWfl	...	Absorptionsschicht in den Gruben
TGS	...	Triglyzinsulfat
Wfl	...	Gruben
Wfr	...	Wafer

1 Einleitung

In vielen Bereichen des täglichen Lebens kommt der Detektion von Infrarot- (IR)-Strahlung eine immer größere Bedeutung zu. Beispiele dafür sind Bewegungs- und Brandmelder, Ohr-Fieberthermometer, Sensoren für den Bräunungsgrad in Toastern und Pyrometer für die berührungslose Temperaturmessung. Aber auch immer neue Anwendungsgebiete wie die technische Diagnose, die zerstörungsfreie Prüftechnik, die Umweltüberwachung, die Gasanalytik, die Fernerkundung und die medizinische Diagnostik verdeutlichen den vielfältigen Einsatzbereich dieser Sensoren [1].

Grundsätzlich werden Infrarotsensoren in zwei Gruppen eingeteilt: Photonendetektoren und thermische Sensoren. Photonendetektoren beruhen auf halbleiterphysikalischen Effekten und zeichnen sich durch eine hohe Empfindlichkeit und sehr kurze Ansprechzeiten aus [2, 3]. Nachteilig sind allerdings die Wellenlängenabhängigkeit der Sensorkenngrößen und die erforderliche Detektorkühlung zur Vermeidung thermisch generierter Ladungsträger.

Thermische Detektoren weisen zwar gegenüber den Photonendetektoren größere Zeitkonstanten und geringere Empfindlichkeiten auf, zeigen aber im Gegensatz dazu eine geringe Wellenlängenabhängigkeit der Sensitivität und können ungekühlt betrieben werden [2]. Damit besitzen sie ein hohes Miniaturisierungspotenzial und sind für kleine und preiswerte Lösungen und damit für große Stückzahlen bei kostenkritischen Anwendungen, wie beispielsweise in der Medizintechnik, geeignet.

Durch die Vielzahl der Anwendungsfelder ist das Bestreben nach einer kontinuierlichen Verbesserung der Eigenschaften thermischer Sensoren ungebrochen. Die pyroelektrischen Sensoren haben sich mit zu den dominierenden Vertretern der thermischen Sensoren entwickelt. Mit ihnen lassen sich gegenwärtig durch spezielle konstruktive Maßnahmen hinsichtlich einer minimalen Elementdicke und einer maximalen thermischen Isolation im pyroelektrischen Chip die bisher höchsten Detektivitätswerte erreichen [4]. Dafür ist ein möglichst großer Signal-Rausch-Abstand erforderlich. Da die Rauschspannung ungekühlter thermischer Sensoren nicht signifikant reduziert werden kann, liegt dieser Arbeit der Ansatz zugrunde, die Erhöhung der Empfindlichkeit S zur Verbesserung der Detektivität zu nutzen.

Die im Rahmen dieser Dissertation entwickelten und untersuchten neuen Ansätze, wie der Einsatz von Aktiv-Passiv-Strukturen [5] und der Überlagerungseffekt von thermischen Wellen in abmessungsangepassten Strukturen, lassen eine signifikante Verbesserung der Empfindlichkeit derartiger Sensoren erwarten. Bei dem erstgenannten Ansatz wird die bestrahlte Sensorfläche mittels Ionenstrahlätzen lokal so abgedünnt, dass sich eine Grubenstruktur im Bereich der empfindlichen Fläche ergibt. Die dickeren, elektrisch aktiven Bereiche besitzen sowohl eine Front- (FE)- als auch eine Rückelektrode (RE) und die dünneren, elektrisch passiven Bereiche nur eine Rückelektrode. Durch die unterschiedlichen Substratdicken weisen die Bereiche unterschiedliche Wärmekapazitäten auf. Dadurch bildet sich ein Wärmestrom von den dünneren zu den dickeren Gebieten aus, wodurch die Temperaturamplitude in den aktiven Bereichen gegenüber Sensorelementen mit einer homogenen Dicke gesteigert werden kann.

Bei dem zweiten Ansatz wird zur Steigerung der Empfindlichkeit die Überlagerung thermischer Wellen ausgenutzt. Dabei sind die Absorptionsorte des einfallenden Strahlungsflusses und der Bereich des empfindlichen Elementes räumlich voneinander getrennt.

Das folgende Kapitel 2 gibt zunächst einen Überblick über den grundsätzlichen Aufbau und die Funktionsweise pyroelektrischer Einelementsensoren. Nach der Definition der Sensorkenngrößen wird der aktuelle Stand der Technik dargestellt.

Im Kapitel 3 werden die der Arbeit zugrundeliegenden Ideen und die Motivation näher erläutert.

Im folgenden Kapitel 4 werden zu Beginn geeignete Modelle zur Beschreibung der thermischen Verhältnisse in einem strukturierten Sensorelement vorgestellt. Dafür werden zum einen numerische Modelle entwickelt und zum anderen bereits bekannte analytische Modelle modifiziert und an die zu untersuchenden Strukturen angepasst. Neben den thermischen Verhältnissen werden sowohl das elektrische Verhalten als auch die Empfindlichkeit der strukturierten Sensoren mittels Simulationen untersucht. Danach erfolgt die Auswertung und Diskussion der Simulationsergebnisse, aus denen anschließend Entwurfsrichtlinien für strukturierte Einelementsensoren mit einer gesteigerten Empfindlichkeit abgeleitet werden. Darauf aufbauend wird die Herstellung strukturierter Einelementsensoren beschrieben. Schließlich werden strukturierte Sensoren hergestellt, aufgebaut und messtechnisch untersucht.

In Kapitel 5 wird ein Überblick zur Theorie der Überlagerung thermischer Wellen gegeben und es werden Modellrechnungen zum Aufbau eines Zeilensensors mit abmessungsangepassten Strukturen für die Empfindlichkeitssteigerung präsentiert.

Abgeschlossen wird die Arbeit in Kapitel 6 mit einer Zusammenfassung der wesentlichen Ergebnisse und einem Ausblick auf weiterführende Forschungsarbeiten.

2 Grundlagen pyroelektrischer Infrarotsensoren

Im Folgenden werden der Aufbau und die Funktionsweise pyroelektrischer Sensoren beschrieben. Ausgehend vom thermischen Verhalten der Detektoren bei einfallender Strahlung, über die thermisch-elektrische Wandlung im Sensorelement bis hin zur elektrischen Verarbeitung mittels einer Vorverstärkerschaltung, wird die Wirkungskette pyroelektrischer Sensoren und deren Einfluss auf die Detektoreigenschaften erläutert. Darauf aufbauend werden die wichtigsten Sensorkenngrößen definiert. Der Stand der Technik gibt einen Überblick zur aktuellen Forschung auf dem Gebiet der pyroelektrischen Sensoren und Maßnahmen zur Steigerung ihrer Empfindlichkeit.

2.1 Aufbau pyroelektrischer Infrarotsensoren

Grundlage aller pyroelektrischen Infrarotsensoren ist der pyroelektrische Kristall. Für die in der Arbeit untersuchten Sensoren wurde ein pyroelektrischer Einkristall aus Lithiumtantalat ($LiTaO_3$) verwendet. Dabei handelt es sich um ein einkristallines, wasserunlösliches, ferroelektrisches Material, welches zur Kristallklasse 3m gehört, bei der eine spontane Polarisation in nur einer Kristallrichtung auftritt und die mit der polaren Achse des Kristalls zusammenfällt [6]. Nur Pyroelektrika dieser Kristallklasse haben eine technische Bedeutung erlangt [7]. Durch seine hohe mechanische Stabilität, die sehr geringe Temperaturabhängigkeit der sensorspezifischen Materialeigenschaften und den hohen pyroelektrischen Koeffizienten hebt sich das $LiTaO_3$ von anderen pyroelektrischen Materialien, wie z.B. Triglyzinsulfat (TGS) und Lithiumniobat ($LiNbO_3$), die ebenfalls in pyroelektrischen Sensoren eingesetzt werden, ab [1].

Der pyroelektrische Sensor besteht aus dem pyroelektrischen Kristall und aufgedampften Elektroden (Abb. 2.1). Das Volumen, welches durch die Überlappung der Front- und Rückelektrode gebildet wird, bezeichnet man als empfindliches Element mit der Fläche A_s und der Dicke d_a. Wird Infrarotstrahlung absorbiert, kommt es durch die Temperaturänderung aufgrund des pyroelektrischen Effektes zu einer Änderung der spontanen Polarisation im Kristall. Diese bewirkt eine Ladungsänderung $\Delta Q_\mathrm{p}(t)$ auf den sich gegenüberliegenden Elektroden. Mit einem integrierten Vorverstärker wird diese in eine Signalspannung $u_\mathrm{s}(t)$ umgewandelt. Der Ausgangsspannung ist stets eine Rauschspannung $u_\mathrm{R}(t)$ überlagert, die sich aus den Rauschquellen im Sensor und des Vorver-

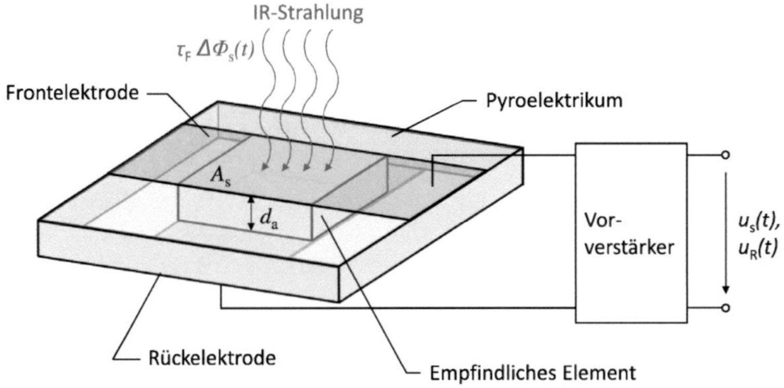

Abb. 2.1: Prinzipieller Aufbau eines pyroelektrischen Einelementsensors.

stärkers zusammensetzt und damit den minimal nachweisbaren Strahlungsfluss des Sensors begrenzt. Für die Umwandlung der Ausgangsspannung stehen zwei grundsätzliche Vorverstärkerausführungen zur Verfügung (Abb. 2.2).

Im Strombetrieb wird der pyroelektrische Strom mit einem Transimpedanzwandler in eine Spannung gewandelt. Dafür werden ein sehr rauscharmer Operationsverstärker und ein Höchstohmwiderstand genutzt und im Gehäuse integriert. Im Spannungsbetrieb wird mittels eines Impedanzwandlers (Spannungsfolger) die Spannung über dem Sensorelement niederohmig am Ausgang zur Verfügung gestellt [1]. Dafür wird üblicherweise ein sehr rauscharmer Feldeffekttransistor (FET) integriert. Zur Realisierung eines hohen Signal-Rausch-Abstandes ist auch hier ein Höchstohmwiderstand (R_{GK} bzw. R_{eV}) erforderlich. Aufgrund des einfacheren Aufbaus werden die pyroelektrischen Sensoren in der Regel im Spannungsbetrieb geschaltet [8]. Der komplexere Aufbau im Strombetrieb war bisher auf einige wenige Anwendungen, wie z.B. bei Sensoren zur Detektion von Feuer und Gas, begrenzt [9]. Eine weitere Besonderheit der pyroelektrischen Detektoren ist ihre Gleichlichtunempfindlichkeit, d.h. sie können nur sich zeitlich ändernde Strahlungsflüsse detektieren, da andernfalls ein Ladungsausgleich auf den Elektroden stattfindet und keine Ausgangsspannung messbar ist. Daher muss die einfallende Strahlung zeitlich moduliert werden. Dies kann beispielsweise durch einen mechanischen Chopper erfolgen.

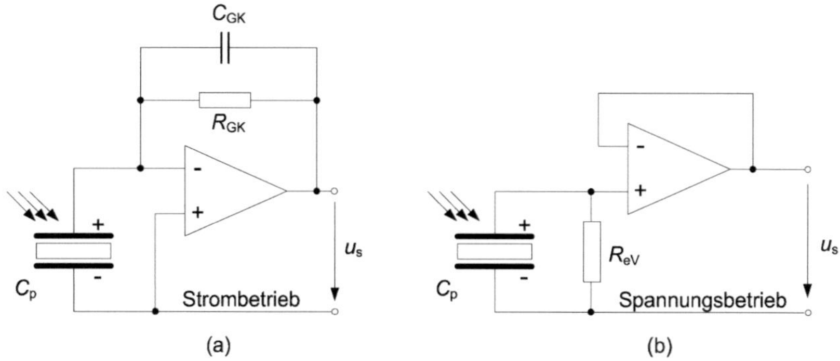

Abb. 2.2: Grundschaltung pyroelektrischer Sensorelemente (a) im Strombetrieb und (b) im Spannungsbetrieb.

2.2 Funktionsweise

Abb. 2.3 zeigt die Wirkungskette eines pyroelektrischen Sensors von der Absorption der einfallenden Infrarotstrahlung bis hin zu einem auswertbaren elektrischen Signal.

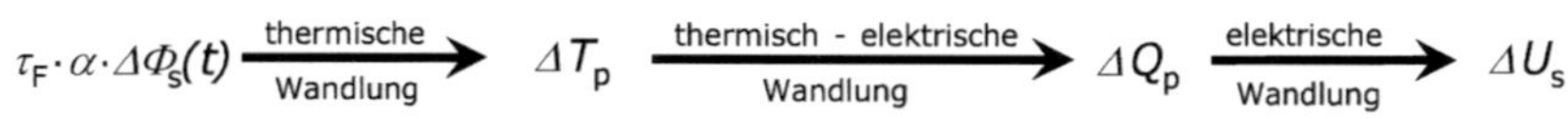

Abb. 2.3: Wirkungskette thermischer Infrarotsensoren.

Der Strahlungsfluss $\Delta\Phi_s$ trifft durch ein Fenster des Sensorgehäuses mit dem Transmissionsgrad τ_F auf das empfindliche Element, wird absorbiert (Absorptionsgrad α) und bewirkt eine Temperaturänderung ΔT_p. Als Folge des pyroelektrischen Effektes ändert sich die spontane Polarisation des Pyroelektrikums. Die daraus resultierende Ladungstrennung ΔQ_p bewirkt einen pyroelektrischen Strom, welcher mittels eines Vorverstärkers in eine auswertbare Spannung ΔU_s umgewandelt wird [10]. In dieser Arbeit wird nur der Spannungsbetrieb betrachtet.

2.2.1 Thermisches Verhalten des Sensors

Um eine möglichst große Temperaturänderung im empfindlichen Volumen des Sensorchips hervorzurufen, müssen die thermischen Verhältnisse im Sensorelement genau untersucht werden. Abb. 2.4 zeigt ein sehr vereinfachtes thermisches Modell eines pyroelektrischen Sensors. Das empfindliche Element mit der Wärmekapazität H_p ist über einen thermischen Leitwert G_th mit der Umgebung gekoppelt [10]. Dabei wird der Leitwert maßgeblich durch Wärmeleitung in die umgebenden Gasschichten und durch laterale Wärmeleitung in das umgebende Chipmaterial bestimmt. Trifft ein sich zeitlich ändernder Strahlungsfluss $\Delta\Phi_\mathrm{s}(t)$ auf das empfindliche Element, so ändert sich dessen Temperatur um ΔT_p. Abb. 2.5 zeigt die thermischen Verhältnisse in einem thermischen Netzwerk im Bildbereich.

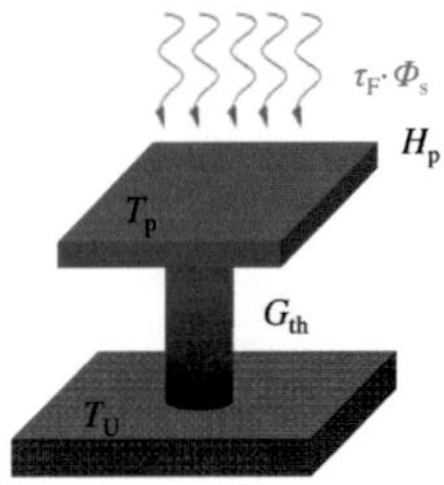

Abb. 2.4: Vereinfachtes thermisches Modell.

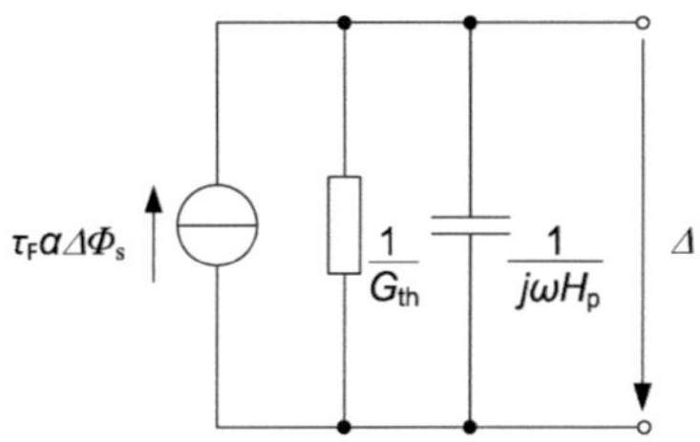

Abb. 2.5: Vereinfachtes Ersatzschaltbild des thermischen Netzwerkes.

Für die sinusförmigen Anteile der Temperaturänderung gilt dabei:

$$\Delta \underline{T}_\mathrm{p}(j\omega) = \tau_\mathrm{F}\alpha\Delta\underline{\Phi}_\mathrm{s} \cdot \frac{1}{G_\mathrm{th} + j\omega H_\mathrm{p}}, \tag{2.1}$$

woraus sich für die Temperaturänderung:

$$\Delta T_\mathrm{p}(\omega) = \frac{\tau_\mathrm{F}\alpha\Delta\Phi_\mathrm{s}}{G_\mathrm{th}} \cdot \frac{1}{\sqrt{1+\omega^2\tau_\mathrm{th}^2}} \tag{2.2}$$

ergibt, mit der Modulationskreisfrequenz ω ($\omega = 2\pi f$) und der thermischen Zeitkonstante

$$\tau_\mathrm{th} = \frac{H_\mathrm{p}}{G_\mathrm{th}}. \tag{2.3}$$

Ein Sensorelement verhält sich demnach wie ein Tiefpass erster Ordnung. Im

Hinblick auf die Sensoreigenschaften ist eine große Temperaturänderung anzustreben. Aus Gl. (2.2) wird deutlich, dass für ein großes ΔT_p der Absorptionsgrad α nahe Eins liegen sollte und der Einfluss verschiedener Wärmeleitungsmechanismen in Abhängigkeit vom betrachteten Frequenzbereich diskutiert werden muss. Für kleine Frequenzen ($\omega^2\tau_\mathrm{th}^2 \ll 1$) beträgt die maximal erreichbare Temperaturänderung

$$\Delta T_\mathrm{p,max} = \frac{\tau_\mathrm{F}\alpha\Delta\Phi_\mathrm{s}}{G_\mathrm{th}}. \tag{2.4}$$

Folglich ist die Temperaturänderung um so höher, je weniger Wärmeenergie vom auftreffenden Strahlungsfluss durch Wärmeleitung in das umgebende Chipmaterial oder die umgebenden Gasschichten verloren geht. Ab einer Knickfrequenz f_th ($f_\mathrm{th} = \frac{1}{2\pi\tau_\mathrm{th}}$) ist die Temperaturänderung nicht mehr unabhängig von der Frequenz des auftreffenden Strahlungsflusses. Für $\omega^2\tau_\mathrm{th}^2 \gg 1$ nimmt die Temperaturamplitude ΔT_p mit $1/f$ ab:

$$\Delta T_\mathrm{p}(\omega) = \frac{\tau_\mathrm{F}\alpha\Delta\Phi_\mathrm{s}}{\omega H_\mathrm{p}} \tag{2.5}$$

und wird von der Wärmekapazität H_p des Sensorelementes bestimmt. Die Wärmekapazität ist definiert durch

$$H_\mathrm{p} = c_\mathrm{p}\varrho A_\mathrm{s} d_\mathrm{a} = c'_\mathrm{p} A_\mathrm{s} d_\mathrm{a}, \tag{2.6}$$

wobei d_a die Elementdicke, A_s die Sensorfläche, ϱ die Dichte und c_p die spezifische Wärmekapazität bzw. c'_p die volumenspezifische Wärmekapazität des Sensormaterials sind. Daher sollte für ein großes ΔT_p bei hohen Frequenzen die Wärmekapazität so gering wie möglich sein. Dies ist durch eine geeignete Materialauswahl und konstruktive Maßnahmen realisierbar. In Abb. 2.6 ist der theoretische Frequenzgang der Temperaturänderung dargestellt.

Der Wärmeaustausch des empfindlichen Sensorelementes mit seiner Umgebung erfolgt durch

- Wärmestrahlung über die Sensoroberfläche (thermischer Leitwert G_S),
- Wärmeleitung über die umgebenden Gasschichten + Konvektion (thermischer Leitwert G_Gas) und
- Wärmeleitung im pyroelektrischen Chipmaterial G_Lat.

Die Wechselwirkungen sind in Abb. 2.7 dargestellt. Im Folgenden werden die Wechselwirkungsmechanismen nur kurz erläutert. Eine ausführliche Darstellung

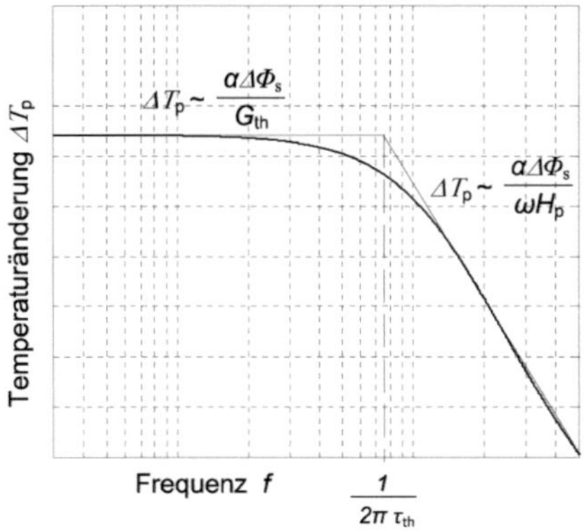

Abb. 2.6: Frequenzgang der Temperaturänderung im empfindlichen Element [10].

zur Berechnung der thermischen Verhältnisse im pyroelektrischen Sensor erfolgt in Abschnitt 4.1.2. Eine ebenfalls ausführliche Diskussion ist in [11] für sehr dünne Sensorelemente zu finden.

a) Wärmestrahlung

Die Wärmeabfuhr durch Strahlung ist prinzipiell unvermeidbar und stellt den theoretischen Grenzwert der Wärmeleitung eines thermischen Detektors dar. Sie ist in der Regel eine Größenordnung geringer als die anderen Wärmeleitungsbeiträge [11].

b) Wärmeleitung über das umgebende Gas

Der Einfluss der Wärmeleitung über das umgebende Gas hängt von der Sensorgeometrie und der Modulationsfrequenz ab. Sie kann durch das Betreiben des Sensors im Vakuum vollständig vermieden werden, was jedoch sehr kostspielig ist. Vor allem bei der Verringerung der Elementdicke und damit der Wärmekapazität des Sensorelementes muss der Einfluss dieses Wärmeleitungsbeitrags berücksichtigt werden. Die Wärmekonvektion kann hingegen vernachlässigt werden, da in einem abgeschlossenen Sensorgehäuse aufgrund des geringen Abstandes zwischen Sensorelement und Wärmesenke keine freie Konvektion auftritt [11, 12, 13].

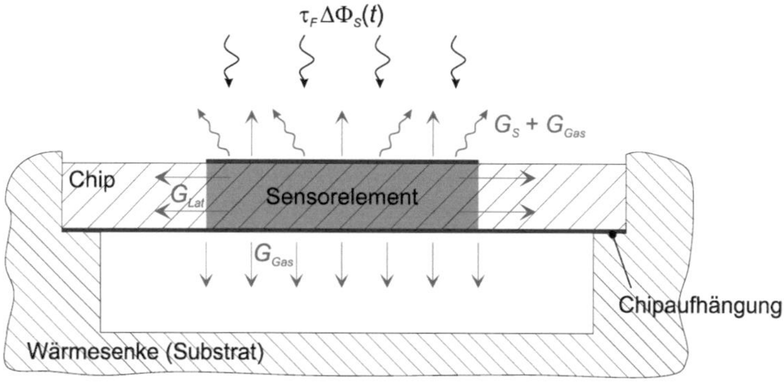

Abb. 2.7: Wärmeaustauschmechanismen des Sensorelementes mit der Umgebung [11].

c) Laterale Wärmeleitung

Auch die laterale Wärmeleitung im Sensorelement ist von der Sensorgeometrie und der Modulationsfrequenz abhängig [14]. In [15] wurde gezeigt, dass durch die Verringerung der Elementdicke zwar die Wärmekapazität und die laterale Wärmeleitung in das umgebende Chipmaterial verringert werden können, allerdings steigt damit auch der Einfluss der Wärmeleitung in das umgebende Gas. Eine weitere konstruktive Maßnahme zur Verringerung der lateralen Wärmeleitung ist das Einbringen eines Isolationsgrabens um das empfindliche Element [11].

2.2.2 Thermisch-elektrische Wandlung

Aufgrund des pyroelektrischen Effektes bewirkt eine Temperaturänderung eine Änderung der spontanen Polarisation im pyroelektrischen Kristall. Dadurch entstehen auf den Elektroden Oberflächenladungen, deren zeitliche Änderung bei kurzgeschlossenen Elektroden einen pyroelektrischen Strom i_p bewirkt. Unter der Annahme, dass in z-Richtung keine Raumladungen vorhanden sind, also die Verschiebungsdichte D konstant ist und die Elektroden ideal leitend sind [16], ergibt sich mit Hilfe der pyroelektrischen Zustandsgleichung

$$dD = p dT_\mathrm{p} + \varepsilon_0 \varepsilon_\mathrm{p} dE \tag{2.7}$$

für die Ladungsänderung dQ_p:

$$dQ_\mathrm{p} = dDA_\mathrm{s} = pA_\mathrm{s}dT_\mathrm{p} + \varepsilon_0\varepsilon_\mathrm{p}A_\mathrm{s}dE = pA_\mathrm{s}dT_\mathrm{p} + \frac{\varepsilon_0\varepsilon_\mathrm{p}A_\mathrm{s}}{d_\mathrm{a}}du. \tag{2.8}$$

Daraus folgt für den pyroelektrischen Kurzschlussstrom ($du = 0$) im Zeitbereich

$$i_\mathrm{p} = \frac{dQ_\mathrm{p}}{dt} = pA_\mathrm{s}\frac{dT_\mathrm{p}}{dt}, \tag{2.9}$$

wobei p der pyroelektrische Koeffizient, ε_0 die Permittivität des Vakuums, ε_p die relative Permittivität des Pyroelektrikums und E die elektrische Feldstärke sind.

Im Frequenzbereich gilt demnach für den pyroelektrischen Strom und unter Einbeziehung von Gl. (2.2):

$$\underline{i}_\mathrm{p} = j\omega pA_\mathrm{s}\Delta T_\mathrm{p} = \frac{\tau_\mathrm{F}\alpha\Delta\Phi_\mathrm{s}}{G_\mathrm{th}} \cdot \frac{j\omega pA_\mathrm{s}}{1 + j\omega\tau_\mathrm{th}}. \tag{2.10}$$

Aus Gl. (2.10) wird deutlich, dass pyroelektrische Sensoren gleichlichtunempfindlich sind, da für eine konstante einfallende Strahlung ($\omega = 0$) der pyroelektrische Strom durch Ausgleichsladungen auf den Elektroden zu null wird und diese Sensoren somit nur auf eine sich zeitlich ändernde Strahlung reagieren.

Das Sensorelement stellt einen Plattenkondensator dar, der durch die Kapazität C_p mit

$$C_\mathrm{p} = \varepsilon_0\varepsilon_\mathrm{p}\frac{A_\mathrm{s}}{d_\mathrm{a}}, \tag{2.11}$$

den Gleichstromwiderstand R_p mit

$$R_\mathrm{p} = \frac{\rho_\mathrm{p}d_\mathrm{a}}{A_\mathrm{s}} \tag{2.12}$$

und den dielektrischen Verlustwiderstand $R_{\tan\,\delta}$ mit

$$R_{\tan\,\delta} = \frac{1}{\omega C_p \tan\,\delta} \tag{2.13}$$

dargestellt werden kann. Dabei sind ρ_p der spezifische Widerstand und $\tan\,\delta$ der dielektrische Verlustfaktor des pyroelektrischen Materials. Damit kann das elektrische Kleinsignalmodell eines pyroelektrischen Sensors aufgestellt werden (siehe Abb. 2.8).

2.2.3 Elektrische Verarbeitung

Die Umwandlung des pyroelektrischen Kurzschlussstromes in eine kontinuierliche Ausgangsspannung erfolgt durch die Eingangsstruktur der nachgeschalteten Signalverarbeitung. Das Sensorelement wird im Wesentlichen durch die Elementkapazität C_{p}, den Gleichstromwiderstand R_{p} und den Wechselstromwiderstand $R_{\tan\,\delta}$ des Pyroelektrikums erfasst. In Abb. 2.8 ist dem empfindlichen Sensorelement die Verstärkerschaltung im Spannungsbetrieb nachgeschaltet, welche durch die Eingangskapazität C_{eV}, den Eingangswiderstand R_{eV} und die Verstärkung v charakterisiert ist [10]. Rauschquellen wurden vernachlässigt.

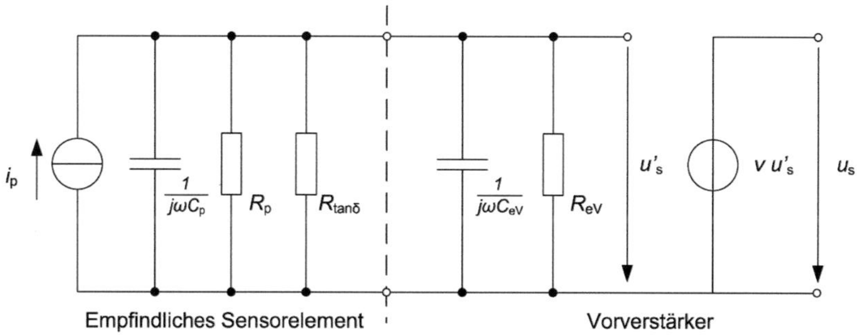

Abb. 2.8: Elektrisches Schaltbild eines pyroelektrischen Detektors mit Vorverstärker ohne Berücksichtigung der Rauschquellen.

Die Kopplung zwischen empfindlichem Element und Vorverstärker kann resistiv, kapazitiv oder direkt erfolgen [17]. In dieser Arbeit sind die Sensorelemente direkt mit dem Vorverstärker verbunden. Mittels des Kleinsignalmodells in Abb. 2.8 lässt sich die Signalspannung u_{s} berechnen. Damit folgt für die komplexe Ausgangsspannung

$$\underline{u}_{\mathrm{s}} = \frac{vR}{1 + j\omega\tau_{\mathrm{el}}}\underline{i}_{\mathrm{p}}, \tag{2.14}$$

mit

$$\tau_{\mathrm{el}} = RC, \tag{2.15}$$

$$C = C_{\mathrm{p}} + C_{\mathrm{eV}}, \tag{2.16}$$

$$R = R_\mathrm{p}||R_{\tan\,\delta}||R_\mathrm{eV} = \frac{R_\mathrm{p}R_{\tan\,\delta}R_\mathrm{eV}}{R_\mathrm{eV}R_{\tan\,\delta} + R_\mathrm{p}R_\mathrm{eV} + R_\mathrm{p}R_{\tan\,\delta}}. \tag{2.17}$$

Meist werden die Effektivwerte benutzt, so dass sich für die Signalspannung folgende Berechnungsvorschrift ergibt:

$$\tilde{u}_\mathrm{s} = \frac{\tau_\mathrm{F}\alpha\Delta\tilde{\Phi}_\mathrm{s}}{G_\mathrm{th}}\frac{\omega p A_\mathrm{s}}{\sqrt{1+\omega^2\tau_\mathrm{th}^2}}\frac{vR}{\sqrt{1+\omega^2\tau_\mathrm{el}^2}}. \tag{2.18}$$

Auf Grundlage der Funktionsweise pyroelektrischer Sensoren werden im folgenden Abschnitt die wichtigsten Sensorkenngrößen definiert.

2.3 Sensorkenngrößen

2.3.1 Strahlungsempfindlichkeit

Eine wichtige Kenngröße pyroelektrischer Sensoren ist die Empfindlichkeit S. Sie beschreibt die Abhängigkeit des Ausgangssignals $\tilde{u}_\mathrm{s}$ eines Detektors vom einfallenden Strahlungsfluss $\Delta\tilde{\Phi}_\mathrm{s}$ [10]. Wird für die Messung der Empfindlichkeit ein schwarzer Strahler als Strahlungsquelle verwendet, so spricht man von der schwarzen Empfindlichkeit S_v. Die Temperatur des schwarzen Strahlers wird dabei oft auf 500 K eingestellt. Für sinusförmige Vorgänge im eingeschwungenen Zustand ergibt sich mit den Effektivwerten des Sensorausgangssignals $\tilde{u}_\mathrm{s}$ und des Strahlungsflusses $\Delta\tilde{\Phi}_\mathrm{s}$ die Empfindlichkeit zu

$$S_\mathrm{v} = \frac{\tilde{u}_\mathrm{s}}{\Delta\tilde{\Phi}_\mathrm{s}}. \tag{2.19}$$

Mit Gl. (2.18) folgt somit

$$S_\mathrm{v} = \frac{\tau_\mathrm{F}\alpha}{G_\mathrm{th}}\frac{\omega p A_\mathrm{s}}{\sqrt{1+\omega^2\tau_\mathrm{th}^2}}\frac{vR}{\sqrt{1+\omega^2\tau_\mathrm{el}^2}}. \tag{2.20}$$

Wird von der einfallenden Strahlung des schwarzen Strahlers, beispielsweise durch einen Monochromator, die Strahlung eines infinitesimal kleinen Wellenlängenbereichs $d\lambda$ selektiert und trifft diese auf den Detektor, so kann die sogenannte spektrale Empfindlichkeit des Detektors ermittelt werden:

$$S_{\mathrm{v}\lambda} = \frac{\tilde{u}_\mathrm{s}(\lambda)}{\Delta\tilde{\Phi}_\mathrm{s}(\lambda)}. \tag{2.21}$$

2.3.2 Rauschen

Die Messunsicherheit von Infrarotsensoren und damit deren Auflösung hinsichtlich der Messgröße wird im Wesentlichen durch Rauschprozesse bestimmt [1]. Deshalb sollen die wichtigsten Rauschprozesse in pyroelektrischen Strahlungssensoren beschrieben werden. Dabei treten folgende wesentliche Rauschquellen auf [18]:

- thermisches Rauschen im empfindlichen Element (Index T),
- tan δ-Rauschen im empfindlichen Element (Index D),
- thermisches Rauschen des Vorverstärker-Eingangswiderstandes (Index R),
- Stromrauschen des Vorverstärkers (Index I) und
- Spannungsrauschen des Vorverstärkers (Index U).

a) Temperaturrauschen

Aufgrund des statistischen Wärmeaustausches zwischen dem Sensorelement und seiner Umgebung schwankt die Temperatur des Detektorelementes um einen Mittelwert. Im thermischen Gleichgewicht entspricht die Eigenbewegung der Elektronen im Element der Standardabweichung der Strahlungsleistung [19]. Unter Berücksichtigung von Gl. (2.18) lässt sich der Effektivwert der Rauschspannung am Sensorausgang mit

$$\tilde{u}_{\mathrm{R,T}} = \frac{\tau_{\mathrm{F}}\sqrt{4k_{\mathrm{B}}T^2B}}{\sqrt{G_{\mathrm{th}}}} \frac{\omega p A_{\mathrm{s}}}{\sqrt{1+\omega^2\tau_{\mathrm{th}}^2}} \frac{vR}{\sqrt{1+\omega^2\tau_{\mathrm{el}}^2}} \tag{2.22}$$

berechnen. Hierbei bezeichnet k_{B} die BOLTZMANN-Konstante und B die Rauschbandbreite.

b) tan δ-Rauschen

Da pyroelektrische Sensoren keine ideale Kapazität darstellen, sondern aufgrund von dielektrischen Verlusten und Leckströmen einen Wechselstromwiderstand $R_{\tan\,\delta}$ besitzen (vgl. Gl. (2.13)), der durch den dielektrischen Verlustfaktor $\tan\,\delta$ bestimmt wird, bewirkt dieser das sogenannte tan δ-Rauschen [1]:

$$\tilde{u}_{\mathrm{R,D}} = \sqrt{4k_{\mathrm{B}}TB\omega C_{\mathrm{p}}\tan\,\delta}\frac{vR}{\sqrt{1+\omega^2\tau_{\mathrm{el}}^2}}. \tag{2.23}$$

c) Widerstandsrauschen des Vorverstärkers

Das Widerstandsrauschen setzt sich aus den durch die thermische Bewegung der Ladungsträger hervorgerufenen Rauschquellen des Gleichstromwiderstandes R_p des Sensorelementes und des Eingangswiderstandes R_eV der Verstärkerschaltung zusammen. Diese bewirken einen Rauschstrom

$$\tilde{i}_\mathrm{R,R} = \sqrt{\frac{4k_\mathrm{B}BT}{R_\mathrm{G}}} \tag{2.24}$$

mit

$$R_\mathrm{G} = R_\mathrm{p}||R_\mathrm{eV} = \frac{R_\mathrm{p}R_\mathrm{eV}}{R_\mathrm{p}+R_\mathrm{eV}}. \tag{2.25}$$

Für den Effektivwert der Rauschspannung am Sensorausgang gilt entsprechend Gl. (2.14) [10]:

$$\tilde{u}_\mathrm{R,R} = \sqrt{\frac{4k_\mathrm{B}BT}{R_\mathrm{G}}}\frac{vR}{\sqrt{1+\omega^2\tau_\mathrm{el}^2}}. \tag{2.26}$$

d) Stromrauschen des Vorverstärkers

Das Stromrauschen des Vorverstärkers wird durch die pn-Übergänge im FET bestimmt. Müssen Ladungsträger eine Potenzialbarriere überwinden, so geschieht dies nicht gleichmäßig, sondern aufgrund der Energieverteilung der einzelnen Ladungsträger POISSON-verteilt [1]. Für den Effektivwert des Rauschstromes gilt [20]:

$$\tilde{i}_\mathrm{R,I} = \sqrt{2eI_\mathrm{g}B}, \tag{2.27}$$

wobei e die Elementarladung ist und I_g den Gatestrom des FET darstellt. Damit gilt für die Stromrauschspannung nach Gl. (2.14):

$$\tilde{u}_\mathrm{R,I} = \sqrt{2eI_\mathrm{g}B}\frac{vR}{\sqrt{1+\omega^2\tau_\mathrm{el}^2}}. \tag{2.28}$$

e) Spannungsrauschen des Vorverstärkers

Das Spannungsrauschen des Vorverstärkers wird hauptsächlich durch das thermische Kanalrauschen des FET bestimmt. Es liefert am Ausgang einen zusätzlichen

Rauschspannungsanteil von

$$\tilde{u}_{\mathrm{R,U}} = \sqrt{\frac{2k_{\mathrm{B}}T\gamma}{g_{\mathrm{m}}}}. \tag{2.29}$$

Dabei ist g_{m} der Kanalleitwert und γ ein dimensionsloser, von der Kanalform des Transistors abhängiger Faktor, der für einen Transistor in Sättigung normalerweise mit $\frac{2}{3}$ angenommen wird [21].

f) Gesamtrauschen

Die einzelnen, unabhängig voneinander auftretenden Rauschquellen bewirken am Sensorausgang eine Gesamtrauschspannung, die sich durch die quadratische Überlagerung der einzelnen Anteile berechnen lässt:

$$\tilde{u}_{\mathrm{R}} = \sqrt{\sum_{x} \tilde{u}_{\mathrm{R,x}}^{2}}; \qquad x \epsilon \{\mathrm{T,D,R,I,U}\}. \tag{2.30}$$

Meist werden die Rauschspannungsanteile auf eine Rauschbandbreite von 1 Hz normiert. Damit gilt allgemein [10]:

$$\tilde{u}_{\mathrm{Rn,x}} = \frac{\tilde{u}_{\mathrm{R,x}}}{\sqrt{B}}; \qquad x \epsilon \{\mathrm{T,D,R,I,U}\}. \tag{2.31}$$

2.3.3 Spezifische Detektivität

Die spezifische Detektivität charakterisiert den Signal-Rausch-Abstand und ermöglicht einen Vergleich von Sensoren mit unterschiedlicher empfindlicher Fläche und Technologie [17, 22]. Sie ist wie folgt definiert:

$$D^{*} = \frac{\sqrt{A_{\mathrm{s}}}S_{\mathrm{v}}}{\tilde{u}_{\mathrm{Rn}}}. \tag{2.32}$$

Dabei lassen sich die durch die einzelnen Rauschanteile bedingten Anteile der spezifischen Detektivität wie folgt angeben [7]:

$$D_{\mathrm{x}}^{*} = \frac{\sqrt{A_{\mathrm{s}}}S_{\mathrm{v}}}{\tilde{u}_{\mathrm{Rn,x}}}; \qquad x \epsilon \{\mathrm{T,D,R,I,U}\}. \tag{2.33}$$

Für die gesamte spezifische Detektivität erhält man dementsprechend [10]:

$$D^* = \sqrt{\frac{1}{\sum\limits_{x}\left(\frac{1}{D^*_{\mathrm{x}}}\right)^2}}; \qquad x\epsilon\{\mathrm{T,D,R,I,U}\}. \tag{2.34}$$

2.3.4 Beschleunigungsempfindlichkeit

Unter der Beschleunigungsempfindlichkeit oder auch Mikrofonie pyroelektrischer Sensoren versteht man die Generierung von zusätzlichen unerwünschten elektrischen Ladungen an den Elektroden aufgrund einer mechanischen Anregung. Ursache dafür ist die Tatsache, dass jedes pyroelektrische Material auch piezoelektrische Eigenschaften aufweist. Wird ein Sensor mit einer sinusförmigen Beschleunigung mit dem Effektivwert $\tilde{a}$ angeregt, so kann aus dem Effektivwert der Ausgangsspannung $\tilde{u}_{\mathrm{s}}$ die Beschleunigungsempfindlichkeit bestimmt werden [4, 23]:

$$S_{\mathrm{v,B}} = \frac{\tilde{u}_{\mathrm{s}}}{\tilde{a}}. \tag{2.35}$$

Die Beschleunigungsempfindlichkeit wird meist auf die Erdbeschleunigung g

$$\tilde{a} = g = 9,81\,\frac{\mathrm{m}}{\mathrm{s}^2} \tag{2.36}$$

bezogen. Die maximale Beschleunigungsempfindlichkeit $S_{\mathrm{v,Bmax}}$ ergibt sich entsprechend den einzelnen Anregungsrichtungen x, y und z zu:

$$S_{\mathrm{v,Bmax}} = \sqrt{S^2_{\mathrm{v,Bx}} + S^2_{\mathrm{v,By}} + S^2_{\mathrm{v,Bz}}}. \tag{2.37}$$

Für pyroelektrische Sensoren ist meist nur die Beschleunigungsempfindlichkeit in z-Richtung, d.h. senkrecht zu den Elektroden, von Bedeutung, da sie in dieser Richtung den größten Beitrag liefert [23].

2.4 Stand der Technik

Die Detektion von Infrarot- bzw. Wärmestrahlung lässt sich aus vielen Bereichen der Technik, wie der Sicherungstechnik oder der Spektrometrie nicht mehr wegdenken und spielt im täglichen Leben eine immer größere Rolle. Für die Detektion eignen sich im Wesentlichen zwei Gruppen von Infrarotsensoren: Photonendetektoren und thermische Sensoren (siehe Kapitel 1). Obwohl thermische Infrarotsensoren gegenüber Photonendetektoren unempfindlicher sind, weisen sie doch zwei wesentliche Vorteile auf. Zum einen ist es die geringe Wellenlängenabhängigkeit der Sensorkenngrößen und zum anderen benötigen sie keine Kühlung, wonach sie ein hohes Miniaturisierungspotenzial besitzen. Für Wellenlängen bis 20 µm kommen thermische Sensoren, insbesondere auf der Basis des pyroelektrischen oder thermoresistiven Effekts, in Frage. Diese haben daher Verwendung in Massenprodukten, wie Bewegungsmelder und Ohr-Fieberthermometer, gefunden. Ziel ist hierbei nach wie vor, den Signal-Rausch-Abstand bei möglichst sinkenden Herstellungskosten zu erhöhen, um weitere Anwendungsgebiete für ungekühlte, miniaturisierte IR-Sensoren zu erschließen [24].

Sensoren mit pyroelektrischen empfindlichen Elementen haben gegenüber den thermoresistiven Detektoren (Widerstands-Bolometer) den Vorteil eines größeren Signal-Rausch-Abstandes [25]. Daher werden pyroelektrische IR-Sensoren in großen Stückzahlen in der berührungslosen Temperaturmessung und in der Gasanalytik eingesetzt. Ziel bei diesen Sensoren ist es, stets eine hohe Empfindlichkeit und einen hohen Signal-Rausch-Abstand durch eine möglichst große Temperaturänderung im empfindlichen Element je auftreffendem Strahlungsfluss zu erreichen [10].

Für große Signal-Rausch-Abstände sind Sensoren mit möglichst dünnen empfindlichen Elementen erforderlich [20, 26, 27]. Die Bandbreite an verwendeten Pyroelektrika ist hoch und reicht von Ein- und Mischkristallen bis hin zu keramischen Gradientenwerkstoffen [28, 29]. Weit verbreitet sind abgedünnte Bulk-Materialien [30] wie $LiTaO_3$, Triglyzinsulfat, Blei-Zirkonat-Titanat (PZT), dünne Polymerfolien (PVDF) [31, 32] sowie abgeschiedene pyroelektrische Dünnschichten auf mikromechanisch strukturierten Silizium-Trägern [33]. Eine dominierende Stellung bei den Pyroelektrika nimmt das monokristalline $LiTaO_3$ ein [34]. Es zeichnet sich durch seine sehr guten sensorspezifischen Materialeigenschaften aus. $LiTaO_3$ besitzt eine ausgezeichnete Langzeitstabilität und eine sehr geringe Temperaturabhängigkeit der sensorspezifischen Materialeigenschaften [17, 35]. Durch seine hohe chemische und mechanische Stabilität und die hohe Curie -Temperatur von 610 °C ist eine einfache Bearbeitung mit konventionellen mikroelektronischen Techniken möglich.

Da das thermische Auflösungsvermögen pyroelektrischer Detektoren prinzipbedingt durch die Verringerung der Sensorelementdicke steigt [36], ist die Herstellung sehr dünner pyroelektrischer Schichten notwendig. Auch die thermische Isolation ist dafür entscheidend [37, 38]. Detektoren auf der Basis von $LiTaO_3$ bestehen aus dem Sensorchip und einer Signalverarbeitung. Der Sensorchip wird mittels konventioneller Läpp- und Polierverfahren ganzflächig abgedünnt und vereinzelt [39]. Dabei konnten bereits Chipdicken von 10 µm realisiert werden [40]. Allerdings ist die mechanische Stabilität derart dünner

Sensorchips schlecht, so dass handelsübliche Sensoren aus $LiTaO_3$ eine Dicke von etwa 20 µm besitzen. Diese weisen eine typische spezifische Detektivität von (5...8)·10^8 cm $Hz^{1/2}$ W^{-1} auf [39, 41]. Erst durch Anwendung neuer Sensorlayouts konnten Chipdicken von etwa (3...5) µm hergestellt werden. Dabei erfolgt der Materialabtrag lokal im Bereich der strahlungsempfindlichen Fläche und wird durch Ionenstrahlätzen realisiert [42, 43, 44, 45]. Mit diesen Sensoren konnte eine thermische Auflösung von 1,8 · 10^9 cm $Hz^{1/2}$ W^{-1} erreicht werden [42, 46]. Eine weitere Abdünnung der Elemente auf weit unter 1 µm erfolgte in [11]. Damit konnten Detektivitätswerte von etwa 5,1 · 10^9 cm $Hz^{1/2}$ W^{-1} gemessen werden. Allerdings ist die Ausbeute aufgrund der aufwendigen Herstellungstechnologie eher gering. Durch die Verringerung der Elementdicke sinkt zwar die Wärmekapazität des Sensorchip und die Temperaturänderung im empfindlichen Element wird größer, allerdings steigt auch die Elementkapazität, so dass die elektrische Zeitkonstante zunimmt und letztlich die nominal berechnete Empfindlichkeit abnimmt. Dadurch ist die ganzflächige Elementdickenreduzierung vordergründig nicht geeignet die Empfindlichkeit zu erhöhen. Alle bisher vorgestellten kommerziellen und in der Fachliteratur beschriebenen Sensoren besitzen eine nahezu homogene Dicke des empfindlichen Elementes. Daher wäre eine Kombination aus den beschriebenen Vorteilen einer reduzierten und einer dickeren Elementdicke wünschenswert (siehe Kapitel 3).

Für die theoretische Berechnung der thermischen Verhältnisse in einem pyroelektrischen Detektor existieren in der Literatur Modelle für 2- bis hin zu 6-Schicht-Systemen [37, 38, 47, 48, 49, 50, 51], die von der eindimensionalen Wärmeleitungsgleichung ausgehen. Dabei haben die Schichten eine homogene Dicke. Die Berücksichtigung sowohl der optischen als auch der thermischen Wellenausbreitung in pyroelektrischen Sensoren mit einer homogenen Schichtdicke ist in [52] in einem 1D-Modell dargestellt. Für strukturierte Objekte, wie man sich Mehrelementsensoren (Sensorarrays) vorstellen kann, wird in [53] eine analytische Lösung mittels thermischer Netzwerkanalogien aufgezeigt. Numerische Lösungsansätze, die beispielsweise die Finite-Elemente-Methode (FEM) nutzen, sind in [54, 55] und [56] zu finden. Ein Modell zur Berechnung von Gradientenwerkstoffen wird in [57] präsentiert.

Die Änderung der Temperatur im empfindlichen Element und somit die Empfindlichkeit ist direkt proportional zu dessen Absorptionsgrad. Der Absorptionsgrad des Systems Frontelektrode-Pyroelektrikum-Rückelektrode ist dabei abhängig von der Dicke des Pyroelektrikums beziehungsweise der Dicke der Elektroden. Zur Verbesserung der Absorption wurden spezielle Absorptionsschichten entwickelt [58, 59, 60]. Damit lassen sich derzeit Absorptionsgrade von circa 0,95 erzielen.

Neben der Verringerung der Elementdicke, der thermischen Isolation und dem Einsatz einer Absorptionsschicht gibt es noch weitere Ansatzpunkte zur Steigerung der Empfindlichkeit und der thermischen Auflösung pyroelektrischer Infrarotsensoren. In [61] wird die Überlagerung thermischer Wellen ausgenutzt, um die thermischen Eigenschaften, beispielsweise flüssiger Materialien, zu bestimmen. Eine flüssige Probe wird auf eine der Elektroden eines pyroelektrischen Sensors aufgebracht und die entgegengesetzte Elektrode des Sensors periodisch erwärmt. Dabei kommt es innerhalb eines bestimmten Modulationsbereiches der einfallenden Wärmestrahlung zu einer Überlagerung der vor- und zurücklaufenden thermischen Wellen. Die resultierende gemessene Temperaturamplitude eines beschichteten Sensors weist dabei im Vergleich zu einem unbeschichteten Sensor eine Verstärkung der Temperaturamplitude auf. Die thermischen Interferenzeffekte werden auch bei der Anwendung des photoakustischen Effektes verwendet [62, 63]. Er könnte in strukturierten Sensoren derart ausgenutzt werden, dass in einem bestimmten lokalen Bereich eine Verstärkung der Temperaturamplitude und damit der Empfindlichkeit auftritt (siehe Abschnitt 3.2).

3 Ideen und Motivation dieser Arbeit

Wie im vorangegangenen Kapitelabschnitt 2.4 aufgezeigt wurde, zeichnen sich die pyroelektrischen Standardsensoren durch ein sehr geringes Rauschen und damit eine große spezifische Detektivität aus. Um diese noch weiter zu steigern, kann nach Gl. (2.32) zum einen die Sensitivität der Sensoren vergrößert und zum anderen die Rauschspannung verringert werden. Letztere lässt sich bei ungekühlten Sensoren nicht signifikant reduzieren. Deshalb soll eine Erhöhung der Empfindlichkeit S_v zur Verbesserung der Detektivität D ausgenutzt werden. Nach Gl. (2.20) folgt daraus für den Entwurf von pyroelektrischen Sensoren mit hoher Empfindlichkeit:

- Der Transmissionsgrad τ_F des Eintrittsfensters und der Absorptionsgrad α des empfindlichen Elementes sollten nahe Eins liegen, damit das Pyroelektrikum die einfallende Strahlung möglichst vollständig absorbiert.
- Der Wärmeleitwert G_{Lat} des empfindlichen Elementes zur Umgebung sollte so gering wie möglich sein. Dies ist durch geeignete konstruktive Maßnahmen realisierbar, z.B. durch Ätzen eines Isolationsgrabens um das empfindliche Element.
- Je kleiner die Wärmekapazität H_p des empfindlichen Elementes ist, desto größer ist die Temperaturänderung ΔT.

Gemäß Gl. (2.6) lässt sich durch eine Reduktion der Elementdicke d_a die Wärmekapazität H_p verringern. Allerdings vergrößert sich nach Gl. (2.11) gleichzeitig auch die Elementkapazität C_p, so dass sich im Spannungsbetrieb die Sensitivität S_v nicht signifikant verändern lässt.

3.1 Thermische Verstärkung

Eine treibende Kraft bei der Verbesserung pyroelektrischer Sensoren ist die Steigerung der Empfindlichkeit, um auch bei einer sehr geringen Änderung des einfallenden Strahlungsflusses noch eine große Änderung der Ausgangsspannung zu erzielen. Damit ist es das primäre Ziel, eine möglichst große Temperaturänderung im empfindlichen Element durch den absorbierten Strahlungsfluss zu erhalten. Eine naheliegende Möglichkeit nach den Gln. (2.5) und (2.6) wäre eine Reduzierung der Elementdicke d_a und damit die Verringerung der Wärmekapazität H_p. Entsprechend der Gln. (2.2) und (2.3) lässt sich der Betrag der Temperaturamplitude im empfindlichen Element, hervorgerufen durch einen sinusförmig modulierten Strahlungsfluss, wie folgt berechnen:

$$|\Delta\tilde{T}_p| = \frac{\tau_F \alpha \Delta\tilde{\Phi}_s}{\sqrt{G_{th}^2 + \omega^2 H_p^2}}. \tag{3.1}$$

Der Wärmeleitwert G_{th} und die Wärmekapazität H_p sind direkt proportional zur Dicke des empfindlichen Elementes. Obwohl durch deren Verringerung nach Gl. (3.1) die Temperaturamplitude steigt, vergrößert sich gleichzeitig die elektrische Elementkapazität C_p (Gl. (2.11)) und der Verlustwiderstand $R_{\tan\delta}$ (Gl. (2.13)) sinkt. Damit wird die Gesamtkapazität C, der Gesamtwiderstand R der elektrischen Ersatzschaltung (siehe Abb. 2.8) und der hervorgerufene pyroelektrische Strom i_p beeinflusst. Mit Gl. (2.14) gilt für den Betrag der Sensorausgangsspannung:

$$|\tilde{u}_s| = \frac{v}{\sqrt{(\frac{1}{R})^2 + \omega^2 C^2}} \cdot |\tilde{i}_p|. \tag{3.2}$$

Da durch die Reduktion der Elementdicke sowohl der Zähler als auch der Nenner der Gl. (3.2) vergrößert werden, lässt sich der Betrag der Ausgangsspannung nicht grundsätzlich erhöhen. Vielmehr haben Messungen gezeigt, dass die Empfindlichkeit vor allem bei niedrigen Frequenzen (< 10 Hz) sogar abfällt [15]. Ein Grund dafür ist, dass bei Sensoren mit dünnen empfindlichen Elementen größere thermische Verluste durch Wärmeleitung über das Gas auftreten als durch laterale Wärmeleitung. Daher sollen die Vorteile der hohen Detektivität von dünnen empfindlichen Elementen und die der hohen Sensitivität von dickeren Elementen kombiniert werden.

Darauf basierend soll das empfindliche Element derart strukturiert werden, dass einige Bereiche partiell abgedünnt werden, so dass sich eine in x- und y-Richtung wiederholende Struktur von dicken und dünnen Gebieten ergibt. Dies ist in Abb. 3.1 schematisch dargestellt. Dadurch weist die Frontelektrode eine Grubenstruktur auf. Die Bereiche mit einer Elementdicke d_a besitzen somit eine Front- und Rückelektrode und werden als elektrisch aktive Volumina bezeichnet. Analog dazu werden die Bereiche ohne eine Frontelektrode als elektrisch passive Volumina definiert, da diese nicht zur Erzeugung von Oberflächenladungen auf den Elektroden beitragen.

Die grundsätzliche Idee dieser Arbeit verfolgt den Ansatz, dass die geringere Wärmekapazität der dünneren Gebiete dazu führt, dass sich diese Bereiche

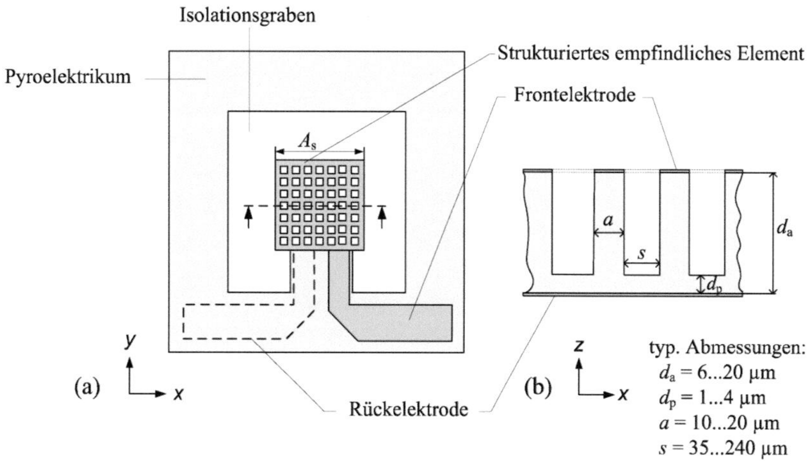

Abb. 3.1: Schematische Darstellung eines strukturierten pyroelektrischen Elementes mit (a) Draufsicht, (b) Ausschnitt des empfindlichen Elementes.

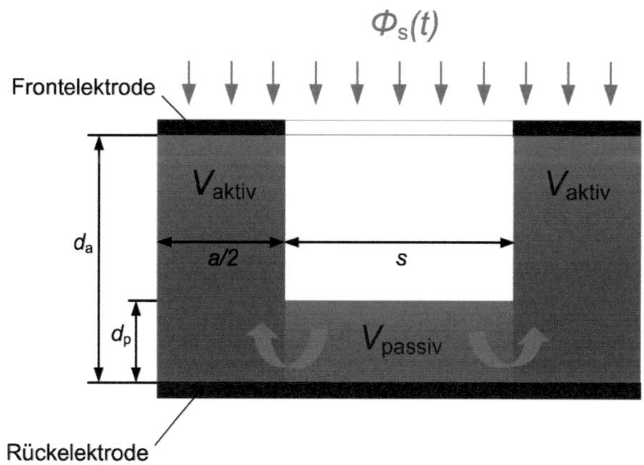

Abb. 3.2: Querschnitt eines Elementausschnittes.

stärker erwärmen als die dickeren. Dadurch bildet sich ein Wärmestrom vom Ort der höheren Temperatur (dünnere Bereiche) zum Ort der niedrigeren Temperatur (dickere Bereiche) aus. Es ist zu erwarten, dass es in den dickeren Bereichen gegenüber unstrukturierten Elementen zu einem Temperaturanstieg kommt (Abb. 3.2) [64]. Zur weiteren Erhöhung der beschriebenen thermischen Verstärkung sollen die abgedünnten passiven Bereiche mit einer geeigneten strahlungsabsorbierenden Schicht gefüllt werden. Im Kapitel 4 werden die thermischen Verhältnisse derart strukturierter Einelementsensoren untersucht und daraus Entwurfsrichtlinien abgeleitet, um eine möglichst große Empfindlichkeitssteigerung gegenüber unstrukturierten Einelementsensoren zu erzielen.

3.2 Überlagerung thermischer Wellen

Ein weiterer Ansatz zur Steigerung der Temperaturamplitude im empfindlichen Element ist die konstruktive Gestaltung der strahlungsabsorbierenden Detektorbereiche. Dies soll in einer Weise erfolgen, dass sich zwei lateral ausbreitende Wärmewellen im aktiven Sensorvolumen konstruktiv überlagern, so dass es zu einer deutlich vergrößerten Temperaturamplitude im aktiven Volumen kommt. Abb. 3.3 zeigt das Prinzip der örtlich voneinander getrennten Anregungs- und Überlagerungsorte. Es wird dabei davon ausgegangen, dass ein Temperaturgradient nur in x-Richtung auftritt, da das Element in y-Richtung gleichmäßig erwärmt wird, und dass für die Elementabmessungen $d_\mathrm{a} \ll b$ (z-Richtung) gilt, wobei d_a die Elementdicke und b die Elementbreite sind. Die Motivation dieses Ansatzes ist, dass im Gegensatz zu den Aktiv-Passiv-Strukturen aus Abschnitt 3.1 die absorbierende Fläche und die Kondensatorfläche des empfindlichen Elementes voneinander getrennt sind. Damit lassen sich diese unterschiedlich dimensionieren und die Nachteile einer verkleinerten Frontelektrodenfläche, wie sie bei strukturierten empfindlichen Flächen auftreten, umgehen.

In Kapitel 5 werden das Prinzip der thermischen Interferenz untersucht, ein erster Versuchsplatz abgeleitet sowie die ersten Ergebnisse diskutiert.

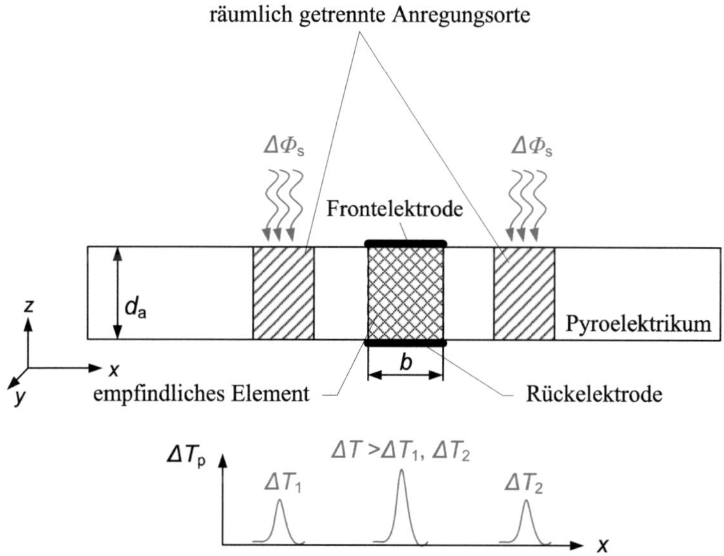

Abb. 3.3: Prinzip der örtlich getrennten Anregungs- und Überlagerungsorte zur konstruktiven thermischen Interferenz in einem pyroelektrischen Sensorelement.

4 Strukturierte Sensorelemente

In diesem Kapitel werden geeignete Modelle zur Beschreibung der thermischen Verhältnisse in einem strukturierten empfindlichen Sensorelement vorgestellt. Abhängig vom betrachteten Frequenzbereich kommen analytische und numerische Modelle zur Anwendung. Durch die Strukturierung wird die Elementkapazität der Sensoren beeinflusst. Daher muss auch deren elektrisches Verhalten untersucht werden. Auf der Basis der erstellten Modelle werden verschiedene Entwurfsparameter analysiert und aus den Simulationsergebnissen Entwurfsrichtlinien für Sensoren mit einer verbesserten Empfindlichkeit abgeleitet. Auf deren Grundlage wurden strukturierte Sensoren gefertigt und die Herstellung optimiert. Anschließend werden die messtechnischen Ergebnisse bezüglich der Sensoreigenschaften vorgestellt, mit den Simulationsergebnissen verglichen und diskutiert.

4.1 Modellierung und Simulation

Ein Modell ist eine vereinfachte Abbildung der Wirklichkeit. Für technische Problemstellungen sind im Allgemeinen Differentialgleichungen zu lösen, die das Verhalten eines Objektes an einem differentiell kleinen Teil dieses Objektes in Abhängigkeit von verschiedenen Parametern beschreiben. In der vorliegenden Arbeit soll die Temperaturverteilung in einem strukturierten Sensorchip in Abhängigkeit vom Ort und der Zeit beschrieben und untersucht werden (siehe Abschnitt 3.1). Dabei erfolgt der Wärmeeintrag durch die einfallende Infrarotstrahlung periodisch auf die Sensoroberfläche. Zur Lösung dieser Modellgleichungen stehen sowohl analytische als auch numerische Methoden zur Verfügung [16, 17, 65]. Die Anwendbarkeit dieser Lösungsmethoden hängen von der Komplexität des abzubildenden Objektes, der erlaubten Vereinfachung des zu untersuchenden Objektes und damit von der gewünschten Genauigkeit ab.

Eine wichtige Größe bei der Untersuchung zur Ausbreitung thermischer Wellen ist die Diffusionslänge. Die Diffusionslänge gibt an, wie stark die thermische Welle im Festkörper, in dem sie sich ausbreitet, gedämpft wird, und ist somit besonders von dessen Materialeigenschaften und der Anregungsfrequenz abhängig. Für $LiTaO_3$ liegt die Diffusionslänge für Frequenzen über 10 Hz im Bereich der Strukturabmessungen (vgl. Abb. 3.1), die in das pyroelektrische Element eingebracht sind, so dass es zu keinem vollständigen Temperaturausgleich zwischen dem aktiven und dem passiven Volumen durch laterale Wärmeleitung kommt. Daher ist eine dreidimensionale, numerische Modellierung des strukturierten Sensorelementes notwendig.

Um den Rechenaufwand gering zu halten, wurden grundlegende Untersuchungen zunächst an einer Teilstruktur des empfindlichen Elementes durchgeführt. Dabei kann allerdings der Einfluss des Wärmeaustausches mit der Umgebung nicht berücksichtigt werden, so dass dieses Modell nur für Frequenzen von mehr als 10 Hz gültig ist [15]. Für niedrigere Frequenzen wurde ein analytisches Modell entwickelt, um den Einfluss der lateralen Wärmeleitung und der Wärmeleitung über das Gas einzubeziehen.

Auf der Grundlage von Voruntersuchungen, die zur Ermittlung der optimalen Strukturabmessungen dienten, wurde ein umfangreiches, numerisches Finite-Elemente-Modell erstellt, welches die Wechselwirkungen mit der Umgebung berücksichtigt und mit der zur Verfügung stehenden Software (ANSYS® 11.0 Academic Teaching Advanced) berechnet werden kann.

4.1.1 Numerische Modellierung

a) Prinzip

Numerische Verfahren diskretisieren kontinuierliche räumliche Verteilungen und stellen somit nur Näherungslösungen dar, können aber auf komplexe Geometrien angewendet werden. Es gibt viele verschiedene Lösungsverfahren [66, 67], zum Beispiel das Differenzenverfahren [68, 69], das Kollokationsverfahren, Reihenansätze, Fehlerquadratminimierungsverfahren und das Variationsverfahren [65]. Die Grundidee ist bei all diesen Verfahren jedoch immer gleich. Es wird ein Näherungsansatz für eine unbekannte Funktion aufgestellt. Dies ist meist ein Produktansatz, der aus vorgegebenen unabhängigen Formfunktionen und freien Koeffizienten besteht. Diese Formfunktionen müssen bestimmte Randbedingungen erfüllen. Die Verfahren gehen entweder direkt von der Differentialgleichung oder von der Integralform aus. Die erstgenannte Vorgehensweise überführt das Differentialgleichungsproblem direkt in ein algebraisches Gleichungssystem. Bei der Integralform wird aus der Forderung nach einem Extremum, zum Beispiel dem Minimum der potentiellen Energie, ein algebraisches Gleichungssystem für die unbekannten Koeffizienten erzeugt. Dieses Verfahren geht auf RITZ zurück [65]. Durch Auflösung des Gleichungssystems werden die Koeffizienten bestimmt. Dadurch ist die gesuchte Näherungsfunktion festgelegt [70]. Somit lässt sich das Verhalten von sehr komplexen Strukturen, die nicht mit analytischen Funktionen abgebildet werden können, mit Differentialgleichungen an einem differentiell kleinen Teil beschreiben.

In der Arbeit soll die Temperaturverteilung in pyroelektrischen Einelementsensoren berechnet werden. Bei der thermischen Analyse stellt die Temperatur im Inneren des Chips die charakteristische Berechnungsgröße dar. Für die Berechnung wird das numerische Näherungsverfahren der Finite-Elemente-Methode verwendet.

b) Die Finite-Elemente-Methode (FEM)

Die FEM ist ein bereichsweise angewandtes, numerisches Näherungsverfahren. Dabei werden die Ansatzfunktionen so gewählt, dass sie im Gegensatz zu anderen numerischen Verfahren nur Teilgebiete überdecken und an den Übergängen der Bereiche kontinuierlich an die Nachbarbereiche anschließen. Die Näherungsfunktion für das Gesamtgebiet setzt sich somit aus den Lösungsansätzen der Teilgebiete zusammen. Die Teilgebiete werden als Elemente bezeichnet. Die Stellen, an denen die Elemente mit Nachbarelementen verbunden sind, werden als Knoten bezeichnet. Anstelle der freien Koeffizienten werden sogenannte Freiheitsgrade eingeführt. Bei der Temperaturfeldberechnung ist dieser die Temperatur T [65].
Bei der FEM wird von der Integralform ausgegangen, d.h. ein Integralausdruck wird minimiert. Meist wird das Prinzip vom Minimum der potenziellen Energie verwendet. Mit Hilfe der Ansatzfunktionen und den Randbedingungen wird eine Gleichung für die Energie aufgestellt, die einen Minimalwert annehmen muss. Wenn die potenzielle Energie E_{pot} minimal wird, nimmt die Ableitung der Energie den Wert Null an. Aus dieser Bedingung kann die Lösung bestimmt werden [65].
Die Bedingung

$$\frac{\partial E_{\text{pot}} \{T\}}{\partial \{T\}} = 0 \tag{4.1}$$

liefert das Gleichungssystem zur Berechnung der unbekannten Knotentemperaturen. In Matrixform lautet die Gleichung

$$[k] \cdot \{T\} = -\{Q\}\,, \tag{4.2}$$

wobei $[k]$ als Leitfähigkeitsmatrix bezeichnet wird und darin die Koeffizienten des Gleichungssystems zusammengefasst sind. Diese errechnen sich im Wesentlichen aus der Wärmeleitfähigkeit und aus Geometriedaten. $\{Q\}$ ist der Lastvektor, der sich aus der Wärmezu- oder -abfuhr ergibt und $\{T\}$ ist der Knotentemperaturvektor.

Ziel ist es nun, die Funktion

$$\{T\} = -[k]^{-1} \cdot \{Q\} \tag{4.3}$$

zur Berechnung der Knotentemperaturen, für die die Differentialgleichung aufgestellt wurde, zu lösen [65].

Für die FE-Modell-Berechnung stand das Programm ANSYS® 11.0 Academic Teaching Advanced zur Verfügung. Die Berechnung setzt sich aus den in Abb. 4.1 schematisch dargestellten Arbeitsschritten zusammen:

1. Idealisierung

Der wichtigste Schritt bei der Anwendung der FEM besteht in der Umsetzung des realen Untersuchungsgegenstandes mit seinen physikalischen oder technischen Gegebenheiten in ein zutreffendes rechnerisches Modell, weil nur dann die Berechnung zu sinnvollen und brauchbaren Ergebnissen führt. Deshalb müssen sich bei der Idealisierung vor allem Gedanken über den Elementtyp, die Materialeigenschaften, die Randbedingungen und die Approximation der Randbedingungen gemacht werden. Die numerische Lösung ist um so effektiver und schneller, je weniger Dimensionen mit dem Modell abgebildet werden müssen und je mehr Symmetrien ausgenutzt werden können. Um diesem Rechnung zu tragen, wurde zunächst nur ein Ausschnitt aus dem strukturierten Sensorelement in einem FE-Modell umgesetzt. Dabei wurde der Wärmeaustausch mit der Umgebung nicht betrachtet. Später wird ein komplexeres Modell erstellt, um auch die Wechselwirkungen mit der Umgebung zu berücksichtigen. Eine genaue Beschreibung und Erläuterung der einzelnen numerischen Modelle wird in den Abschnitten 4.1.1.c und 4.1.1.d gegeben.

2. Preprocessing (Modellerstellung)

Bei der Modellerstellung werden diejenigen Daten festgelegt, die unveränderlich zum Berechnungsmodell gehören. Dazu zählen beispielsweise die Geometrie und die Materialdaten. Den größten Anteil der Datenaufbereitung stellt die Eingabe der Geometriedaten, d.h. der Lage der Elemente mit ihren Knoten und der Knoten mit ihren Koordinaten, dar. Dabei wird zwischen der indirekten (automatischen) und der direkten Generierung unterschieden. Bei der Erstgenannten wird das Netz der Elemente und Knoten direkt vom Programm erstellt, bei der Zweiten gibt der Anwender das Netz der Elemente und Knoten selbst ein [65]. Je nach Komplexität, Umfang und Größe der Modelle wurde zwischen diesen beiden Generierungen gewählt (siehe Abschnitt 4.1.1.c).

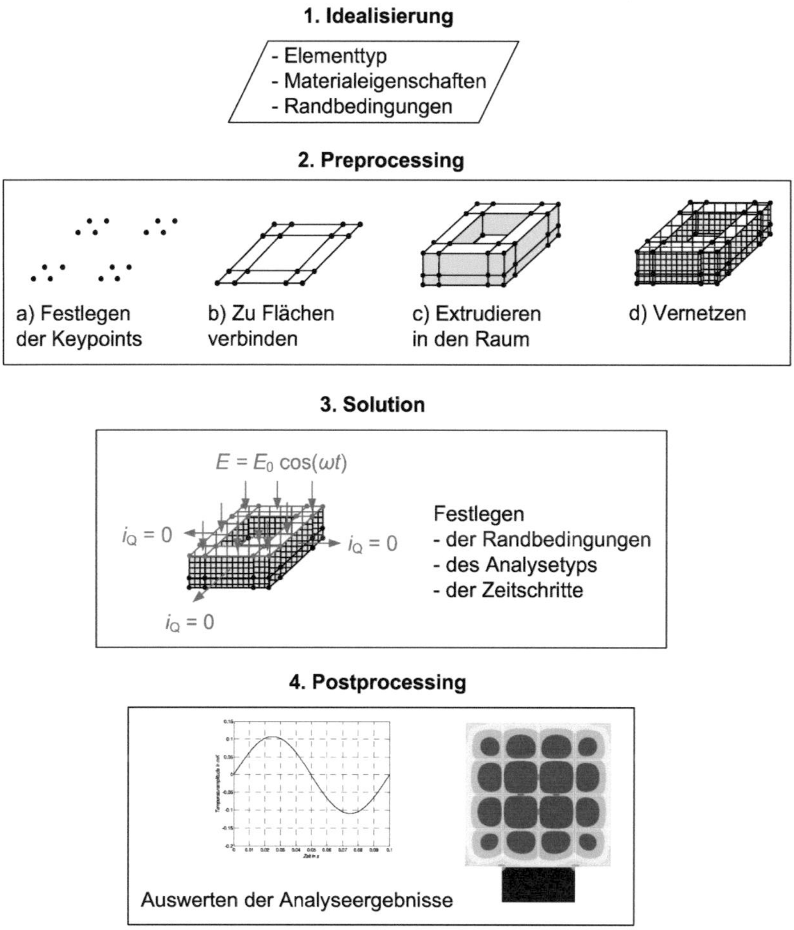

Abb. 4.1: Schematische Darstellung eines Ablaufplanes zur Erstellung eines FE-Modells in ANSYS®.

3. Solution (Lösung)

In diesem Schritt werden die von außen auf das Modell wirkenden Einflüsse, wie die Anfangstemperatur an bestimmten Positionen im Modell sowie die Randbedingungen und Lasten, die auf das Modell wirken, definiert. Darüber hinaus werden Entscheidungen getroffen und festgelegt, ob beispielsweise eine transiente Analyse oder nichtlineare Berechnungen durchgeführt werden sollen. Wurden alle Einstellungen erfasst, kann die numerische Lösung des Gleichungssystems erfolgen. Dabei werden die Element-Leitfähigkeitsmatrizen $[k]$ erstellt, die Gesamtleitfähigkeitsmatrix und der Lastvektor $\{Q\}$ aufgebaut, das Gleichungssystem gelöst und somit die Temperaturen T in jedem Element und daraus z.B. die Wärmestromdichten q berechnet [65].

4. Postprocessing (Auswertung der Ergebnisse)

Dieser Schritt umfasst die Auswertung der Berechnungsergebnisse. Hierbei können die Ergebnisse mit Hilfe des FE-Programms zum Beispiel grafisch dargestellt und ausgewertet werden.

Für die in der Arbeit erstellten Modelle wurde der Elementtyp SOLID70 gewählt (Abb. 4.2). Dieses Element besitzt dreidimensionale Wärmeleitungsei-

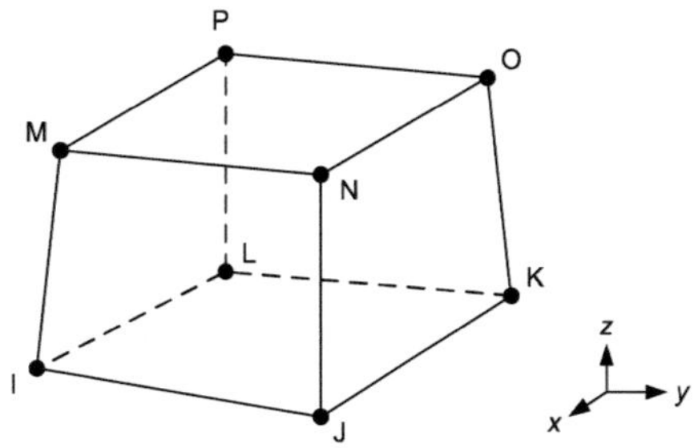

Abb. 4.2: Element SOLID70, welches im FE-Modell verwendet wird.

genschaften und ist aus acht Knoten (I bis P) mit einem Freiheitsgrad - der Temperatur - an jedem Knoten aufgebaut. Durch die Angabe der acht Knoten und der Materialwerte ist das Element eindeutig definiert. Zur Untersuchung der thermischen Eigenschaften wurde zum einen ein einfaches dreidimensionales Modell erstellt, welches nur eine einzelne Periode des strukturierten Sensors betrachtet und Wärmeaustauschmechanismen mit der Umgebung unberücksichtigt lässt. Zum anderen wurde ein erweitertes Modell erstellt, welches das gesamte strukturierte empfindliche Element umfasst und auch die Wechselwirkungen mit der Umgebung einschließt.

c) Vereinfachtes numerisches Modell

Da das gesamte Sensorelement für die Berechnung in einem Modell zu komplex ist, wurde ausgehend von der zuvor beschriebenen FE-Methode das empfindliche Element idealisiert. Für die Untersuchung der thermischen Verhältnisse wird deshalb nur eine Teilstruktur betrachtet. Dabei soll das umgebende Chipmaterial und die Befestigung im Sensorgehäuse vernachlässigt werden und Randeffekte mit der Luft unberücksichtigt bleiben. Für Elementdicken von etwa 6 µm ist die Wärmeleitung für Frequenzen unter 10 Hz allerdings nicht mehr zu vernachlässigen. Daher ist dieses Modell nur für Frequenzen von mehr als 10 Hz zulässig [15]. In Abb. 4.3 ist beispielhaft ein solches FE-Modell, welches aus einem mit Ätzgruben versehenen empfindlichen Element idealisiert wurde, dargestellt. Es wird als thermisch isoliert von seiner Umgebung betrachtet und tritt nur mit dem direkt umgebenden aktiven Volumen in Wechselwirkung. Die Ergebnisse gelten daher nicht für die Randbereiche. Die aufgedampften Elektroden wurden vernachlässigt, da sie sehr dünn sind. Der Wärmeeintrag wird durch eine direkt auf die Oberfläche des Modells eingeprägte Wärmestromdichte abgebildet, die in der Realität der Bestrahlungsstärke eines schwarzen Strahlers entspricht. Die Absorption der Strahlung wird gleichmäßig für alle Flächen angenommen, auch für jene, die senkrecht zur z-Achse ausgerichtet sind. Die Chiprückseite ist ausgenommen.

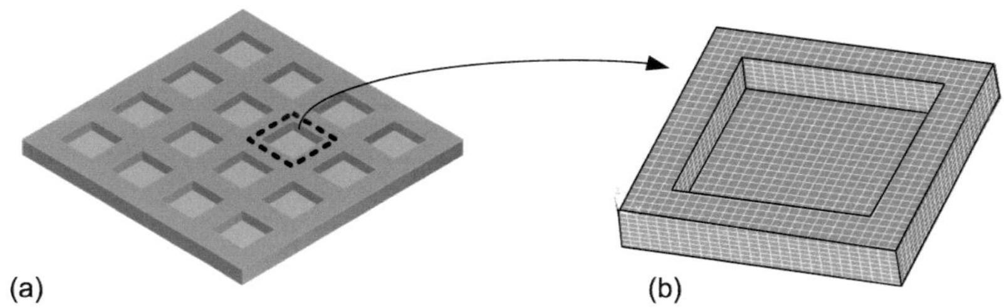

Abb. 4.3: Übergang vom strukturierten Sensorelement zum einfachen FE-Modell: (a) strukturiertes, empfindliches Element, (b) vereinfachtes Modell in ANSYS®.

Bei der Modellerstellung wurde die Geometrie der Struktur in einer ersten Ebene durch Keypoints festgelegt, diese Keypoints zu Flächen verbunden und in den dreidimensionalen Raum extrudiert. Der Modellentwurf wurde sehr flexibel gestaltet, um den Einfluss verschiedener Entwurfsparameter untersuchen zu können (vgl. Abb. 3.1):

- Grubenweite s,
- Stegbreite a,
- Dicke des empfindlichen Elementes d_{a},
- Restdicke in den Gruben d_{p},
- Form der geätzen Gruben und
- Steilheit der Grubenkanten.

Für die Vernetzung wurde die automatische Netzgenerierung nach der „Mapped Mesh“-Methode gewählt. Das bedeutet, dass das zu vernetzende Volumen eine regelmäßige Form besitzt und sich einfach mit hexaederförmigen Elementen vernetzen lässt. Das Modell wurde teilweise so modifiziert, dass auch der Einfluss schräger Grubenkanten und anderer geometrischer Formen der geätzten Strukturen berechenbar ist. Dabei wurde die Vernetzungsmethode des „Free Mesh“ gewählt, bei dem die Vernetzungselemente nicht an eine bestimmte Form gebunden sind. Die Vernetzung erfolgt auch hier automatisch. Die Ergebnisse der Simulationen mit diesem Modell werden in Abschnitt 4.3 dargestellt.

Im Lösungsschritt erfolgt die Festlegung der Randbedingungen, z.B. der Wärmestrom nach außen und die aufgeprägten „Lasten“ als Wärmezufuhr über die Oberfläche. Für dieses Modell ist der Wärmestrom nach außen Null, da kein Austausch mit der Umgebung erfolgt. Da die pyroelektrischen Sensoren wechsellichtempfindlich sind, interessiert nicht der Absolutwert der Temperatur T, sondern nur deren zeitliche Änderung $\frac{dT}{dt}$. Deshalb wird nur ein sinusförmig modulierter Strahlungsfluss aufgeprägt und die Anfangstemperatur an den Knoten auf Null festgesetzt. Die Notwendigkeit einer transienten Analyse wird offensichtlich. Der modulierte Strahlungsfluss kann direkt über eine Funktionsgleichung an das Programm übergeben werden. Auch die Diskretisierung der Zeitschritte wird vorgegeben.

Im anschließenden Postprocessing werden die Analyseergebnisse mit Hilfe der Postprozessoren POST1 und POST26 ausgewertet. Dabei dient der POST1-Prozessor zur Bewertung der Analyseergebnisse für das gesamte Modell oder ein Teilgebiet zu einem bestimmten Zeitpunkt oder einer bestimmten Frequenz. Der POST26-Prozessor wird zur Beurteilung der Analyseergebnisse an einem Ort im Modell als Funktion der Zeit oder Frequenz genutzt. Die Ergebnisgrößen können direkt in ANSYS® oder in Matlab® graphisch dargestellt und verarbeitet werden.

d) Erweitertes numerisches Modell

Um auch die Effekte an den Rändern des empfindlichen Elementes zu untersuchen und die Wechselwirkungen mit der näheren Umgebung in die Berechnungen einzubeziehen, wurde ein erweitertes Modell der gesamten strukturierten empfindlichen Fläche erstellt. Dabei erfolgt der Wärmeeintrag analog über die Oberfläche des Chips. Allerdings kommt es hier auch zu Wechselwirkungen der Randelemente mit dem umgebenden Gas in Form von Wärmeleitung und Konvektion. Die zur Verfügung stehende ANSYS® Version 11.0 ist auf 256.000 Knoten begrenzt. Daher war es nur möglich, eine sehr große Struktur der geätzten Gruben in das Modell zu implementieren. Eine schematische Darstellung dieses erweiterten Modells ist in Abb. 4.4 dargestellt.

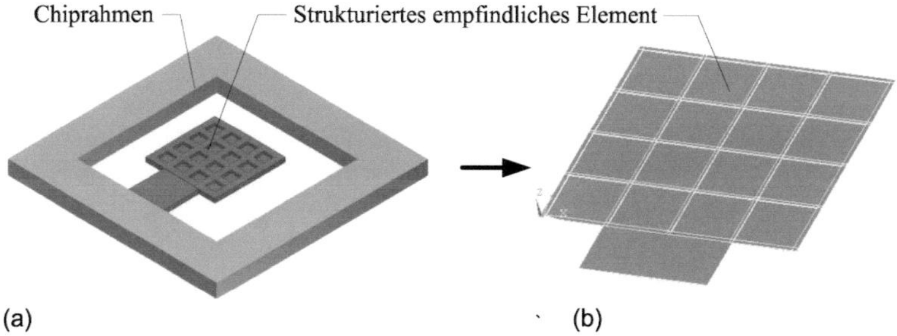

Abb. 4.4: Übergang vom Sensorchip zum erweiterten FE-Modell: (a) strukturiertes empfindliches Element mit Chiprahmen und Umgebung, (b) idealisiertes, erweitertes Modell mit empfindlichem Element und Steg in ANSYS®.

Bei der Modellerstellung wurde analog zum vereinfachten thermischen Modell von Abschnitt 4.1.1.c vorgegangen. Lediglich die Anzahl der Keypoints, die zu Flächen verbunden werden, und der Knoten wurde vergrößert.

Auch der Lösungsschritt erfolgt analog zum vereinfachten numerischen Modell. Die Anfangstemperatur und der aufgeprägte, sinusförmig modulierte Strahlungsfluss sind identisch. Nur die Randbedingungen wurden angepasst und durch Wärmeleitung erweitert. Ein Wärmeaustausch an der Chiprückseite mit der Umgebung sowie die Wechselwirkung des Sensorchips mit der Umgebung durch Wärmestrahlung werden nicht betrachtet, da der Beitrag durch Wärmestrahlung gegenüber den anderen Wärmaustauschmechanismen vernachlässigt werden kann [11].

Die Auswertung der Analyseergebnisse erfolgt im Postprocessorschritt gleichermaßen wie für das vereinfachte Modell.

e) Kennwerte für die Materialeigenschaften

Für beide numerische FE-Modelle wurden die in Tab. 4.1 aufgeführten Materialwerte für das $LiTaO_3$-Substrat verwendet [17, 71].

Tab. 4.1: Materialwerte des $LiTaO_3$.

Eigenschaft	Wert
Wärmeleitfähigkeit	$4{,}2\ \frac{W}{m\,K}$
Dichte	$7450\ \frac{kg}{m^3}$
spezifische Wärmekapazität	$430\ \frac{J}{kg\,K}$

4.1.2 Analytische Modelle

Es stellte sich als nicht möglich heraus, die dreidimensionale Struktur mathematisch derart mit Differentialgleichungen abzubilden, dass sie analytisch lösbar sind. Aufgrund des steten Wechsels zwischen dicken und dünnen Bereichen sowie unterschiedlicher Materialkennwerte zwischen Substrat und Material in den Gruben ist dieses Problem sowohl im 2D- als auch im 3D-Fall nur noch numerisch zu lösen. Um trotzdem die entwickelten numerischen Modelle verifizieren zu können, wurden vereinfachte analytische Modelle herangezogen. Diese sollen im Folgenden näher beschrieben werden.

a) Nulldimensionales Modell

Das nulldimensionale (0D-) Modell geht davon aus, dass für das strukturierte Sensorelement ein Ersatzelement geschaffen wird, welches auf einen Punkt reduziert ist und entsprechend den geometrischen Abmessungen der Gruben angepasste Materialeigenschaften aufweist. In Abb. 4.5 ist der Übergang von dem strukturierten empfindlichen Element zu einem auf einen Punkt reduziertes Ersatzelement mit angepassten Materialeigenschaften abgebildet, wobei die Temperatur nur noch von der Zeit abhängt.

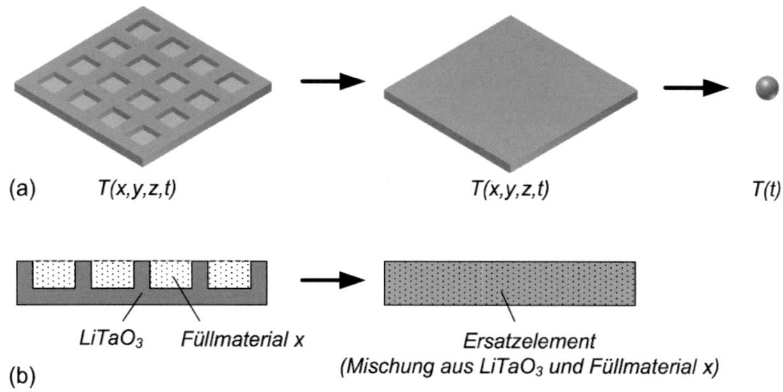

Abb. 4.5: Übergang vom strukturierten Sensorelement zum 0D-Modell: (a) Betrachtung der räumlichen Ausdehnung, (b) Anpassung der Materialwerte des Ersatzelementes.

Die Materialeigenschaften des Ersatzelementes ergeben sich aus der durch die Gruben eingeschlossenen Luft und dem somit verringerten Volumen an $LiTaO_3$:

$$\varrho_{\mathrm{str}} = \frac{1}{V_{\mathrm{unstr}}}(V_{\mathrm{LiTaO_3}} \cdot \varrho_{\mathrm{LiTaO_3}} + V_{\mathrm{x}} \cdot \varrho_{\mathrm{x}}), \tag{4.4}$$

$$c_{\mathrm{str}} = \frac{c'_{\mathrm{str}}}{\varrho_{\mathrm{str}}} = \frac{1}{V_{\mathrm{unstr}} \cdot \varrho_{\mathrm{str}}}(V_{\mathrm{LiTaO_3}} \cdot c'_{\mathrm{LiTaO_3}} + V_{\mathrm{x}} \cdot c'_{\mathrm{x}}). \tag{4.5}$$

Dabei sind ϱ_{str} die Dichte des Ersatzelementes, $\varrho_{\mathrm{LiTaO_3}}$ die Dichte von $LiTaO_3$ und ϱ_{x} die Dichte des in den Gruben befindlichen Materials. V_{unstr} ist das Volumen des unstrukturierten Elementes, $V_{\mathrm{LiTaO_3}}$ das Volumen des $LiTaO_3$ und V_{x} das Volumen des Füllmaterials sowie c_{str}, c'_{str} bzw. $c_{\mathrm{LiTaO_3}}$, $c'_{\mathrm{LiTaO_3}}$ die Wärmekapazität und die volumenspezifische Wärmekapazität des Ersatzelementes bzw. von $LiTaO_3$ und c'_{x} die volumenspezifische Wärmekapazität des in den Gruben befindlichen Materials. Die Temperatur des 0D-Ersatzelementes hängt nur noch von der Zeit ab. Für die auftreffende Bestrahlungsstärke gilt:

$$E = E_0 \cos(\omega t). \tag{4.6}$$

Die dadurch zugeführte Energie bewirkt eine Temperaturänderung des empfindlichen Elementes, die sich nach Gl. (2.2) mit

$$\Delta T_{\mathrm{p}} = \frac{A_{\mathrm{s}} E_0}{\sqrt{G_{\mathrm{th}}^2 + \omega^2 (c_{\mathrm{str}} \varrho_{\mathrm{str}} A_{\mathrm{s}} d_{\mathrm{a}})^2}} \tag{4.7}$$

berechnen lässt. Dies entspricht der Amplitude der Temperaturschwingung des 0D-Modells. Der Wärmeleitwert über den Steg drückt die Wärmeleitung zur Umgebung aus. Für diesen gilt:

$$G_{\mathrm{th}} = \frac{A_{\mathrm{Steg}} \cdot \lambda_{\mathrm{LiTaO_3}}}{l_{\mathrm{Steg}}} \tag{4.8}$$

mit $\lambda_{\mathrm{LiTaO_3}}$ der Wärmeleitfähigkeit von $\mathrm{LiTaO_3}$, A_{Steg} der Querschnittsfläche und l_{Steg} der Länge des Steges.

b) Vertikal-laterales Modell

Im Folgenden werden zwei Modelle beschrieben, mit denen die Wärmeleitung in die umgebenden Gas- und Materialschichten sowie die laterale Wärmeleitung berechnet werden können. Diese gelten allerdings nur für Schichtsysteme mit einer homogenen Dicke und berücksichtigen somit nicht die eingebrachten Gruben im Bereich der empfindlichen Fläche. Um die Strukturierung in die Modelle mit einzubeziehen, wurde eine effektive Schichtdicke d_{m} definiert, die den Einfluss der Ätzgruben bei der Berechnung der Wärmekapazität und somit der Temperaturamplitude berücksichtigt. Es gilt:

$$d_{\mathrm{m}} = \frac{V_{\mathrm{str}}}{A_{\mathrm{s}}} = \frac{(A_{\mathrm{s}} \cdot d_{\mathrm{a}}) - (s^2 \cdot d_{\mathrm{\ddot{A}}} \cdot n^2)}{A_{\mathrm{s}}} \tag{4.9}$$

mit n als Anzahl der Ätzgruben, $d_{\mathrm{\ddot{A}}}$ als Tiefe der Ätzgruben, d_{a} als Sensorelementdicke und s als Grubenweite.

b1) Vertikales Modell

Mittels des vertikalen Schichtmodells [16, 17] aus Abb. 4.6 können die thermischen Verhältnisse in pyroelektrischen Einelementsensoren wesentlich besser beschrieben werden, als mit dem thermischen Modell aus Abb. 2.5, da die Einflüsse der verschiedenen Schichten differenzierter berücksichtigt werden können [72]. Der sinusförmig modulierte Strahlungsfluss trifft auf die Oberfläche und wird dort gleichmäßig absorbiert. Aufgrund der Wärmeleitung werden auch die

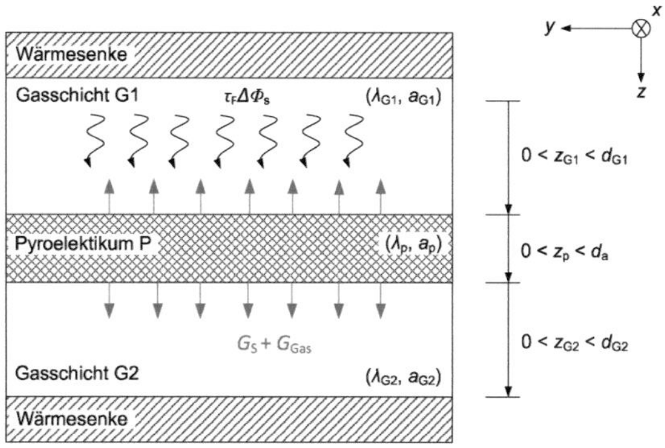

Abb. 4.6: Thermisches Modell der vertikalen Wärmeleitung.

darunter liegenden Schichten erwärmt. Mit Hilfe der Wärmeleitungsgleichung:

$$\nabla^2 \underline{\Delta \hat{T}}_\mathrm{i}(x,y,z) = \underline{\mu}_\mathrm{i}^2 \left[\underline{\Delta \hat{T}}_\mathrm{i}(x,y,z) - \frac{\hat{q}_\mathrm{v}}{j\omega c'_\mathrm{p}} \right] \tag{4.10}$$

kann die verursachte Temperaturänderung $\Delta \hat{T}_\mathrm{i}$ in allen Schichten i berechnet werden. Es wird vorausgesetzt, dass die lateralen Abmessungen in x- und y-Richtung wesentlich größer sind als in z-Richtung und keine inneren Wärmequellen vorhanden sind [16, 17]. Daher gilt:

$$\frac{\partial^2 \underline{\Delta \hat{T}}_\mathrm{i}(z_\mathrm{i})}{\partial z_\mathrm{i}^2} - \underline{\mu}_\mathrm{i}^2 \underline{\Delta \hat{T}}_\mathrm{i}(z_\mathrm{i}) = 0; \qquad i \in \{\mathrm{G1, P, G2}\}. \tag{4.11}$$

mit

$$\underline{\mu}_\mathrm{i} = \sqrt{\frac{j\omega}{a_\mathrm{i}}} = (1+j)\sqrt{\frac{\omega}{2a_\mathrm{i}}}, \tag{4.12}$$

$$a_\mathrm{i} = \sqrt{\frac{\lambda_\mathrm{i}}{c'_\mathrm{i}}} \quad \text{und} \tag{4.13}$$

$$\omega = 2\pi f, \tag{4.14}$$

wobei a_i die Temperaturleitfähigkeit, λ_i die Wärmeleitfähigkeit, c'_i die volumenspezifische Wärmekapazität der Schicht i und f die Modulationsfrequenz sind.

Die allgemeine Lösung der Gl. (4.11) hat folgende Form [73, 74]:

$$\underline{\Delta\hat{T}}_i(z_i) = A_i \cosh(\mu_i z_i) + B_i \sinh(\mu_i z_i), \tag{4.15}$$

wobei die Koeffizienten A_i, B_i aus den Randbedingungen bestimmt werden [16]. Eine Herleitung der allgemeinen Lösung und eine Definition der Koeffizienten sind im Anhang A.1.1 aufgeführt. Durch Integration über die Schichtdicke d_a bzw. d_m erhält man die mittlere Temperaturänderung $\Delta\hat{T}_{pm}$ des Pyroelektrikums:

$$\underline{\Delta\hat{T}}_{pm} = \frac{1}{d_a}\int \underline{\Delta\hat{T}}_p(z_i)dz = \frac{\tau_F \alpha \Delta\Phi_s}{\mu_p d_a A_s} \cdot \left[A'_p \sinh(\mu_p d_a) + B'_p \cosh(\mu_p d_a) - B'_p\right]. \tag{4.16}$$

Die Parameter A'_p und B'_p sind im Anhang A.1.1 definiert. Aus den Gln. (2.1) und (4.16) folgt für den thermischen Leitwert über das Gas:

$$\underline{G}_{Gas} = \frac{\mu_p d_a A_s}{\left[A'_p \sinh(\mu_p d_a) + B'_p \cosh(\mu_p d_a) - B'_p\right]} - j\omega H_p. \tag{4.17}$$

b2) Laterales Modell

Für die Berechnung der lateralen Wärmeleitung im pyroelektrischen Sensorelement wird das Modell aus Abb. 4.7 verwendet. Es wird ein rotationssymme-

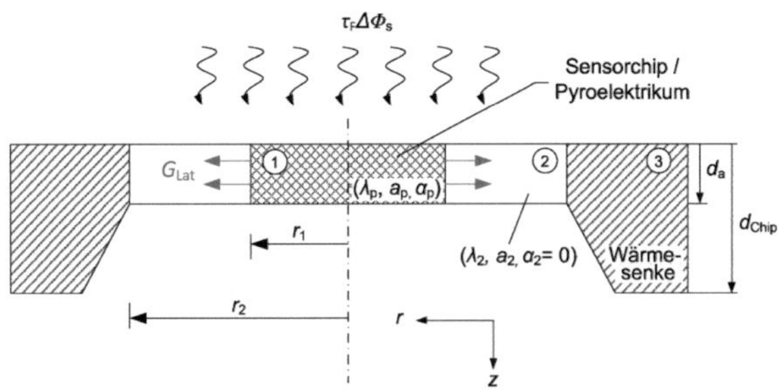

Abb. 4.7: Thermisches Modell der lateralen Wärmeleitung.

trischer Aufbau angenommen, wobei in z-Richtung kein Temperaturgradient auftreten soll. Der einfallende Strahlungsfluss wird vom empfindlichen Element mit dem Radius r_1 und seiner Umgebung mit dem Radius r_2 absorbiert. Die Absorptionsgrade α_i der einzelnen Bereiche können verschieden sein. Die Wärmeleitung und die Wärmestrahlung in die umgebenden Gasschichten werden vernachlässigt. Die allgemeine Wärmeleitungsgleichung Gl. (4.10) nimmt für dieses Modell folgende Form an [16]:

$$\frac{d^2(\underline{\Delta \hat{T}}_{\mathrm{i}}(r))}{dr^2} + \frac{1}{r}\frac{d\underline{\Delta \hat{T}}_{\mathrm{i}}(r)}{dr} - \mu_{\mathrm{p}}^2\left[\underline{\Delta \hat{T}}_{\mathrm{i}}(r) - \frac{\hat{q}_{\mathrm{vi}}}{j\omega c'_{\mathrm{p}}}\right] = 0, \tag{4.18}$$

wobei $\hat{q}_{\mathrm{vi}}$ die pro Volumenelement erzeugte Wärmeleistung im Bereich i ist.

Die allgemeine Lösung der Gl. (4.18) lautet [16, 75]:

$$\underline{\Delta \hat{T}}_{\mathrm{i}}(r) = \frac{\hat{q}_{\mathrm{vi}}}{j\omega c'_{\mathrm{p}}} + A_{\mathrm{i}} \cdot I_0(\mu_{\mathrm{p}} r) + B_{\mathrm{i}} \cdot K_0(\mu_{\mathrm{p}} r) \tag{4.19}$$

mit I_0 und K_0 als modifizierte Besselfunktionen 0. Ordnung.

Die mittlere Temperaturänderung $\Delta\hat{T}_{\mathrm{pm}}$ im Pyroelektrikum (siehe Bereich 1 in Abb. 4.7) [7] berechnet sich nach

$$\underline{\Delta \hat{T}}_{1\mathrm{m}} = \frac{1}{A_{\mathrm{s}}}\int\limits_0^{2\pi}\int\limits_0^{r_1} \underline{\Delta \hat{T}}_1(r)\,dr\,d\varphi. \tag{4.20}$$

Für die Lösung der Gl. (4.20) folgt:

$$\underline{\Delta \hat{T}}_{1\mathrm{m}} = \frac{\tau_{\mathrm{F}}\Delta\Phi_{\mathrm{s}}\alpha_1}{j\omega H_{\mathrm{p}}}\left(1 - \frac{\alpha_2}{\alpha_1}\frac{2}{\mu_{\mathrm{p}} r_1}\frac{I_1(\mu_{\mathrm{p}} r_1)}{I_0(\mu_{\mathrm{p}} r_2)} - (1 - \frac{\alpha_2}{\alpha_1})\frac{2}{\mu_{\mathrm{p}} r_1}\frac{I_1(\mu_{\mathrm{p}} r_1)}{I_0(\mu_{\mathrm{p}} r_1)} \cdot K\right). \tag{4.21}$$

Der Parameter K ist ebenso wie die Herleitung des Modells in Anhang A.1.2 dargestellt. Für den lateralen Leitwert G_{Lat} in Folge der Wärmeleitung im Pyroelektrikum gilt entsprechend den Gln. (2.1) und (4.21)

$$\underline{G}_{\mathrm{Lat}} = \frac{j\omega H_{\mathrm{p}}}{\left(1 - \frac{\alpha_2}{\alpha_1}\frac{2}{\mu_{\mathrm{p}} r_1}\frac{I_1(\mu_{\mathrm{p}} r_1)}{I_0(\mu_{\mathrm{p}} r_2)} - (1 - \frac{\alpha_2}{\alpha_1})\frac{2}{\mu_{\mathrm{p}} r_1}\frac{I_1(\mu_{\mathrm{p}} r_1)}{I_0(\mu_{\mathrm{p}} r_1)} \cdot K\right)} - j\omega H_{\mathrm{p}}. \tag{4.22}$$

b3) Kombination beider Modelle

Treten mehrere, voneinander unabhängige Wärmeaustauschmechanismen auf, können diese als Parallelschaltung thermischer Leitwerte dargestellt werden [17, 72]. Wirken im pyroelektrischen Sensor gleichzeitig Wärmestrahlung G_S sowie laterale und vertikale Wärmeleitung G_{Lat} bzw. G_{Gas} in die umgebenden Schichten, so gilt für den gesamten thermischen Leitwert

$$G_{th} = G_{Gas} + G_{Lat} + G_S. \tag{4.23}$$

Dadurch können mit der Kombination des vertikalen und des lateralen Modells auch die unterschiedlichen Elementdicken der pyroelektrischen Sensoren berücksichtigt werden.

4.1.3 Verifikation der numerischen Modelle

Um die Ergebnisse der ermittelten Temperaturamplituden aus den numerischen Modellen verifizieren zu können und die Abweichungen zu den analytischen Modellen zu bestimmen, wurde für ein unstrukturiertes Sensorelement mit folgenden Randbedingungen:

- einfallende Strahlungsleistung: $\Phi_s = 4\,\mu W$,
- empfindliche Fläche: $A_s = 1 \text{ x } 1\,mm^2$,
- Elementdicke: $d_a = 6\,\mu m$,
- Modulationsfrequenz der einfallenden Strahlung: $f = 10\,Hz$

die Temperaturamplitude mit den Modellen aus den Abschnitten 4.1.2.a und 4.1.2.b berechnet und miteinander verglichen. Die Ergebnisse sind in Tab. 4.2 gegenübergestellt. Die berechneten Temperaturamplituden liegen für alle Modelle in der gleichen Größenordnung. Die Abweichungen des FE-Modells vom 0D- bzw. vertikal-lateralen Modell betragen ca. 0,7 % bzw. 0,3 %. Die analytischen Lösungen selbst weisen eine Differenz von ca. 1 % zueinander auf.
Die Vergleiche zeigen, dass das FE-Modell für die Zielstellung der Arbeit eine ausreichend gute Übereinstimmung erkennen lässt.

Tab. 4.2: Vergleich der berechneten Temperaturamplituden im unstrukturierten empfindlichen Element bei 10 Hz aus den verschiedenen Modellen.

Modell	Nach Abschnitt	Temperaturamplitude ΔT
Nulldimensional	4.1.2.a	3,313 mK
Vertikal-lateral	4.1.2.b	3,281 mK
Vereinfachtes FE-Modell	4.1.1.c	3,291 mK
FE-Modell	4.1.1.d	3,283 mK

4.1.4 Modelle mit Berücksichtigung einer Absorptionsschicht

Zur Erhöhung des Absorptionsvermögens kann eine Absorptionsschicht sowohl in die Gruben als auch auf die Frontelektrode, d.h. die Stege der strukturierten empfindlichen Fläche, ein- bzw. aufgebracht werden.

Als Absorptionsschicht können verschiedene Materialien zum Einsatz kommen (siehe Abschnitt 2.4). Die Kenngrößen einiger Beispiele sind in Tab. 4.3 aufgeführt. Bedingt durch die Herstellungstechnologien besitzen die verschiedenen Absorptionsschichten typische Schichtdicken. Für eine aufgedampfte Silberschwarzschicht liegt diese im Bereich von 5 µm [17], für Ruß-Novolak-Schichten bei 3 µm [76] und für $Ni_{80}Cr_{20}$-Metalldünnschichten bei 750 nm [11].

Die Berücksichtigung einer solchen Schicht erfolgt durch die Modifikation der Simulationsmodelle. Die Änderungen werden im Folgenden vorgestellt. Die Bedeutung und die erforderlichen Eigenschaften sowie der Einfluss einer solchen Absorptionsschicht werden in Abschnitt 4.3.6 diskutiert.

a) Numerisches Modell mit Absorptionsschicht

Im FE-Programm ANSYS® kann die Absorptionsschicht durch die Wahl eines zweiten Elementes mit anderen Materialparametern berücksichtigt werden. In Abb. 4.8 kennzeichnen die unterschiedlichen Farben die verschiedenen Materialeigenschaften innerhalb des FE-Modells.

In ANSYS® ist es allerdings nicht möglich, für einen periodisch aufgeprägten Wärmestrom den Emissionsgrad bzw. Absorptionsgrad verschiedener Materialien zu berücksichtigen. Dieser kann nur in Verbindung mit dem Wärmeaustausch durch Strahlung, beispielsweise mit der Umgebung, in Betracht gezogen werden. Bei derartigen Randbedingungen, bei denen sich z.B. die Umgebungstemperatur ändert, muss der vorangegangene Lastschritt als Startbedingung für den nächsten Lastschritt usw. herangezogen werden. In ANSYS® gibt es dafür die Möglichkeit, dass sich die Randbedingungen entweder linear (ramp change) oder

Tab. 4.3: Materialparameter des Substrats und der Absorptionsschicht im FE-Modell.

	Substrat	Absorptionsschicht		
Parameter	$LiTaO_3$	Ag-SS[1]	Ruß-Novolak	NiCr
Dichte in $\frac{\mathrm{kg}}{\mathrm{m}^3}$	7450	862	605	3108
Spezifische Wärmekapazität in $\frac{\mathrm{J}}{\mathrm{kg\,K}}$	430	232	949,1	454,6
Vol.-spez. Wärmekapazität in $\frac{\mathrm{J}}{\mathrm{m}^3\,\mathrm{K}}$	3204	200	574	1413
Wärmeleitfähigkeit in $\frac{\mathrm{W}}{\mathrm{m\,K}}$	4,2	0,2	0,106	13,4
typ. Absorptionsschichtdicke in µm	-	5	3	0,75
Emissionsgrad	0,62	0,99	0,9	0,9

[1] Schwarzschicht

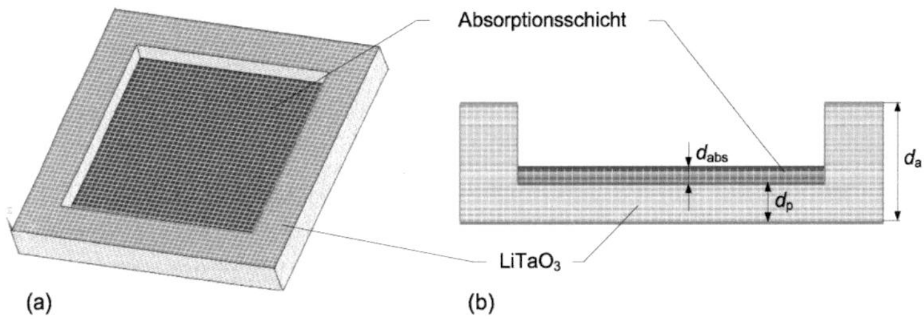

Abb. 4.8: FE-Modell, erweitert mit einer Absorptionsschicht: (a) Ausschnitt einer geätzten Grubenstruktur innerhalb der empfindlichen Fläche, (b) Schnittbild durch eine Grubenstruktur. d_a Elementdicke, d_p Restdicke in den Gruben, d_abs Dicke der Absorptionsschicht.

sprunghaft (step change) ändern. Folgt eine Randbedingung einer periodischen Funktion müsste diese dafür in diskrete Stufen unterteilt und jeder einzelne Lastschritt separat berechnet werden. Da der aufgeprägte periodische Wärmestrom die thermischen Verhältnisse zur Abbildung der Richtungsabhängigkeit des sich ausbildenden Temperaturgradienten sehr gut wiedergibt, wurde auf die aufwendige Eingabe verzichtet. Weil die Temperaturänderung aber linear vom Absorptionsgrad und dem auftreffenden Strahlungsfluss abhängt (Gl. (2.4)), wurden die unterschiedlichen Absorptionsgrade der verschiedenen Bereiche durch verschiedene Strahlungsflussamplituden berücksichtigt. Weiterhin wurde die Abhängigkeit verschiedener Materialparameter (Wärmeleitfähigkeit, spezifische Wärmekapazität und Dichte) untersucht (siehe Abschnitt 4.3.6).

b) Analytische Modelle mit Absorptionsschicht

0D-Modell

Beim 0D-Modell mit Berücksichtigung einer Absorptionsschicht wird analog zu Abschnitt 4.1.2.a ein Ersatzelement geschaffen. Dabei berücksichtigt das Modell mit

$$V_x \cdot \varrho_x = V_{Luft} \cdot \varrho_{Luft} + V_{abs} \cdot \varrho_{abs} \tag{4.24}$$

und

$$V_x \cdot c'_x = V_{Luft} \cdot c'_{Luft} + V_{abs} \cdot c'_{abs} \tag{4.25}$$

jeden beliebigen Volumenanteil der Absorptionsschicht in den Gruben. Hier sind V_{abs} das Volumen, ϱ_{abs} die Dichte und c'_{abs} die volumenspezifische Wärmekapazität der Absorptionsschicht.

Vertikales Modell

Beim vertikalen Schichtmodell wird zur Berücksichtigung einer Absorptionsschicht lediglich eine zusätzliche Schicht eingeführt. Die Gleichungen im Anhang A werden um eine Grenzschicht erweitert. Eine ausführliche Herleitung ist in [16] zu finden.

4.2 Modellierung des elektrischen Verhaltens

4.2.1 Pyroelektrischer Strom und Elementkapazität

Der Schwerpunkt der Arbeit liegt auf der Untersuchung der thermischen Verhältnisse in strukturierten pyroelektrischen Sensorchips. Durch die Strukturierung werden allerdings auch die elektrischen Eigenschaften, wie der generierte pyroelektrische Strom i_p, beeinflusst, da die Frontelektrodenfläche durch die geätzten Gruben verkleinert wird. Nach Gl. (2.9) und unter der Annahme, dass die auftreffende Strahlung sinusförmig moduliert wird, folgt mit Gl. (2.10) für den pyroelektrischen Strom eines unstrukturierten Sensors:

$$\underline{i}_p = j\omega p A_s \Delta T_p. \tag{4.26}$$

Durch das Ätzen der Gruben in das empfindliche Element entspricht die Frontelektrodenfläche nicht mehr der Größe der empfindlichen Fläche A_s. Für den pyroelektrischen Strom gilt daher:

$$\underline{i}_\mathrm{p} = j\omega p A_\mathrm{FE} \underline{\Delta T}_\mathrm{p}, \tag{4.27}$$

wobei

$$A_\mathrm{FE} = l^2 - (n^2 \cdot s^2) \qquad \text{mit} \quad n \,\varepsilon\, \mathbb{N}, \tag{4.28}$$

die strukturierte Frontelektrodenfläche ist. Die Änderung des pyroelektrischen Stromes hat direkt Auswirkung auf die Sensorausgangsspannung. Entsprechend dem Ersatzschaltbild in Abb. 2.8 gilt:

$$\underline{u}_\mathrm{s} = v\underline{u}'_\mathrm{s} = \frac{\underline{i}_\mathrm{p}}{\frac{1}{R} + j\omega C}, \tag{4.29}$$

wobei R nach Gl. (2.17) und C nach Gl. (2.16) berechnet werden. Somit ergibt sich für den Betrag der Ausgangsspannung unter Berücksichtigung des pyroelektrischen Stromes nach Gl. (4.27):

$$|u_\mathrm{s}| = \frac{v\omega p A_\mathrm{FE} \Delta T_\mathrm{p}}{\sqrt{(\frac{1}{R})^2 + (\omega C)^2}}. \tag{4.30}$$

Bedingt durch die Strukturierung ändert sich auch die Elementkapazität. Wird davon ausgegangen, dass durch die Strukturierung die Homogenität des elektrischen Feldes im Inneren des Pyroelektrikums nicht wesentlich beeinflusst wird und Randeffekte an den Kanten vernachlässigt werden, gilt für die Elementkapazität:

$$C_\mathrm{p} = \varepsilon_0 \varepsilon_\mathrm{p} \frac{A_\mathrm{FE}}{d_\mathrm{a}}. \tag{4.31}$$

Der Einfluss der verkleinerten Frontelektrodenfläche ist sehr vielschichtig. Zum einen verringert sich die Elementkapazität C_p sowie der pyroelektrische Strom und damit die Sensitivität, zum anderen verkleinert sich nach Gl. (2.6) die Wärmekapazität und die Temperaturamplitude steigt (siehe Gl. (2.5)). Durch den Gewinn bei der Temperaturänderung infolge der Strukturierung sollte der Verlust der Sensitivität durch den kleineren pyroelektrischen Strom aufgefangen werden, so dass sich der gesamte Strukturierungseffekt positiv auf die Empfindlichkeit auswirkt. Für die Beurteilung dieses komplexen Zusammenhanges wird im nächsten Abschnitt eine elektrische Transferfunktion eingeführt.

4.2.2 Elektrische Transferfunktion

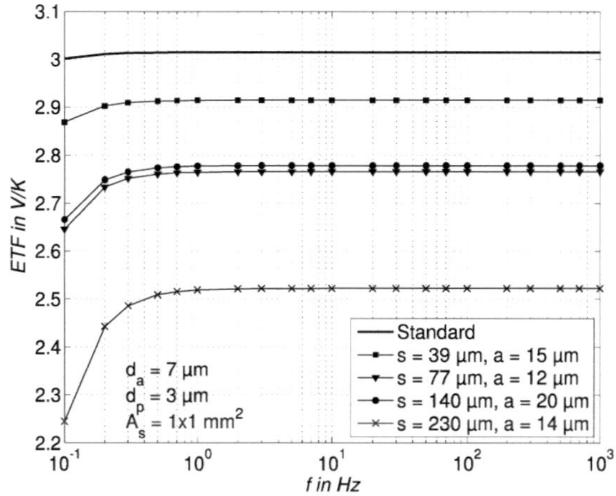

Abb. 4.9: Frequenzgang der elektrischen Transferfunktion ETF in Abhängigkeit von der Frequenz für verschiedene Strukturweiten.

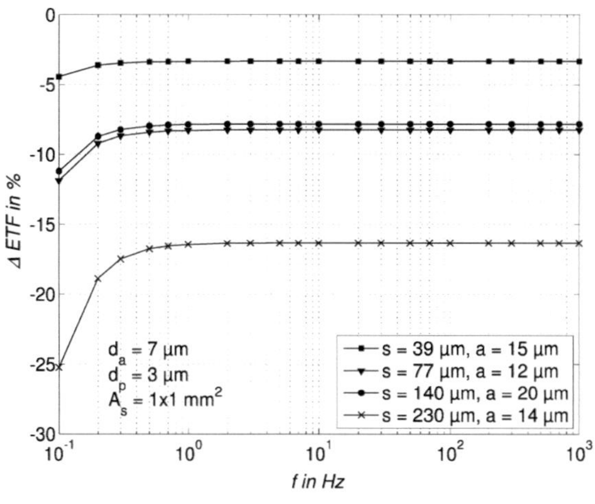

Abb. 4.10: Frequenzgang der relativen Änderung der elektrischen Transferfunktion für verschiedene Strukturweiten bezogen auf einen unstrukturierten Sensor derselben Größe.

Zur Beurteilung der Wirkung der reduzierten Elektrodenfläche auf die elektrischen Verhältnisse wird eine elektrische Transferfunktion ETF eingeführt, die den Einfluss der Strukturierung auf die Sensorausgangsspannung infolge des veränderten pyroelektrischen Stromes zur generierten Temperaturamplitude im empfindlichen Element beschreibt:

$$ETF = \frac{\hat{u}_\mathrm{s}}{\Delta\hat{T}_\mathrm{p}} = \frac{v\omega p A_\mathrm{FE}}{\sqrt{(\frac{1}{R})^2 + (\omega C)^2}}. \tag{4.32}$$

Die elektrische Transferfunktion ist für verschiedene Strukturweiten in Abhängigkeit von der Modulationsfrequenz ω in Abb. 4.9 dargestellt. Es wird deutlich, dass durch die Strukturierung die ETF stets geringer ist als die eines unstrukturierten Standardsensors.

Besonders deutlich wird dies, wenn die ETF eines strukturierten Sensors auf die ETF eines Sensors ohne Strukturierung bezogen wird. Abb. 4.10 zeigt den Frequenzgang der relativen Änderung der elektrischen Transferfunktion für verschiedene Strukturweiten im Vergleich zu einem unstrukturierten Sensor derselben Größe.

Da die Steigerung der Temperaturamplitude $\hat{T}_\mathrm{p}$ gegenläufig zur ETF ist, wird die Spannungsempfindlichkeit selbst als Funktion der beiden Größen eingeführt:

$$S_\mathrm{v} = \frac{ETF \cdot \hat{T}_\mathrm{p}}{\tilde{\Phi}_\mathrm{s}}. \tag{4.33}$$

Die Untersuchungen in den Abschnitten 4.3.1 bis 4.3.5 zeigen, dass durch die Strukturierung der empfindlichen Fläche die Steigerung der Temperaturamplitude gegenüber der Abnahme der elektrischen Transferfunktion überwiegt und somit bei geeigneter Wahl der geometrischen Parameter eine positive Steigerung der Spannungsempfindlichkeit zu erwarten ist.

4.3 Diskussion der Simulationsergebnisse

Mit den in den Abschnitten 4.1.1.c, 4.1.1.d und 4.1.2 vorgestellten Modellen können die Temperaturamplitude sowie die wichtigsten Sensorkenngrößen simuliert und berechnet werden. Dabei steht vor allem die Untersuchung der geometrischen Abmessungen der eingebrachten Strukturen und die erzielbare Temperaturamplitude im Vordergrund. Ausgangspunkt ist ein Einelementsensor mit einer empfindlichen Fläche von (1 x 1) mm^{2}*. Die Elementdicke und die Strukturabmessungen sind variabel. Die Elementdicke d_a, die Grubenweite s, sowie die Stegbreite a beeinflussen sich gegenseitig maßgeblich. Daher soll deren Zusammenhang in Hinblick auf eine hohe Empfindlichkeitssteigerung und unter gleichzeitiger Berücksichtigung der technologischen Realisierbarkeit diskutiert werden.

4.3.1 Untersuchung der thermischen Verstärkung

Um zunächst den thermischen Verstärkungseffekt zu analysieren, wird mit Hilfe des einfachen numerischen Modells aus Abschnitt 4.1.1.c die Temperaturamplitude simuliert. Ziel der Strukturierung ist es, die Temperaturamplitude im aktiven Volumen zu vergrößern. Die Simulationen werden bei einer Frequenz von 10 Hz durchgeführt, da dies in der Praxis eine übliche Anregungsfrequenz ist.

Der auftreffende, sinusförmig modulierte Strahlungsfluss bewirkt eine Temperaturschwingung innerhalb des empfindlichen Elementes. Betrachtet wird nur die Änderung der Temperatur um den Anfangswert $T_0 = 0$. In Abb. 4.11 ist die Temperatur infolge der einfallenden Wärmestrahlung an einem beliebigen Knoten des FE-Modells im Verlauf einer Periode dargestellt. Daneben zeigt Abb. 4.12 die Temperaturdifferenz zwischen dem aktiven und dem passiven Volumen für den gleichen Zeitbereich.

Mit dem einfallenden Strahlungsfluss erwärmen sich die passiven Gebiete aufgrund der verringerten Wärmekapazität schneller als die aktiven Bereiche. Die Temperaturdifferenz ist für $t = n \cdot T$ $(n \varepsilon \mathbb{N})$ maximal. Durch die Temperaturdifferenz bildet sich ein Temperaturgradient zwischen dem aktiven und dem passiven Gebiet aus. Diesem wirkt ein Wärmestrom

$$i_{\mathrm{Q}} = -\lambda \nabla T \tag{4.34}$$

vom passiven in das aktive Volumen entgegen. Der Temperaturunterschied wird kleiner.

*wegen ihrer häufigen kommerziellen Anwendung

Nach der Zeit $t = \frac{T}{4}$ erreicht die Temperatur an jedem Ort im Elementvolumen ihr Maximum. Somit lässt sich zu diesem Zeitpunkt direkt die Temperaturamplitude ermitteln. Zum selben Zeitpunkt wird in der Simulation die Bestrahlungsstärke entsprechend der Cosinus-Funktion (Gl. (4.6)) negativ, d.h. dem Element wird Wärme entzogen. In diesem Fall ändert das passive Volumen wiederum schneller seine Temperatur, indem es Wärme abgibt. Der Temperaturgradient steigt nun in entgegengesetzte Richtung an. Der Wärmestrom ist jetzt vom aktiven in das passive Volumen gerichtet und erreicht sein Maximum nach $t = \frac{T}{2}$.

Für $t > \frac{T}{2}$ steigt die Bestrahlungsstärke erneut an. Die Temperaturdifferenz sinkt vom Betrag wieder ab und erreicht bei $t = \frac{3T}{4}$ den Wert Null.

Für $t > \frac{3T}{4}$ ist die Bestrahlungsstärke abermals positiv, die Temperaturdifferenz steigt an und somit nimmt auch der Temperaturgradient wieder zu.

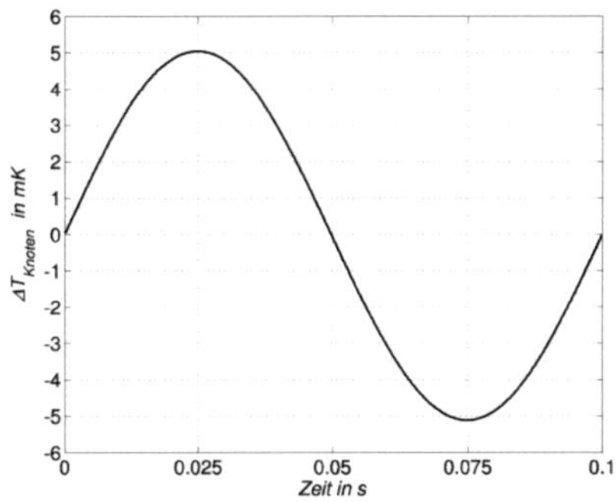

Abb. 4.11: Temperaturänderung ΔT an einem beliebigen Knoten im Element im Verlauf einer Periode infolge der einfallenden Strahlung ($f = 10\,\text{Hz}$).

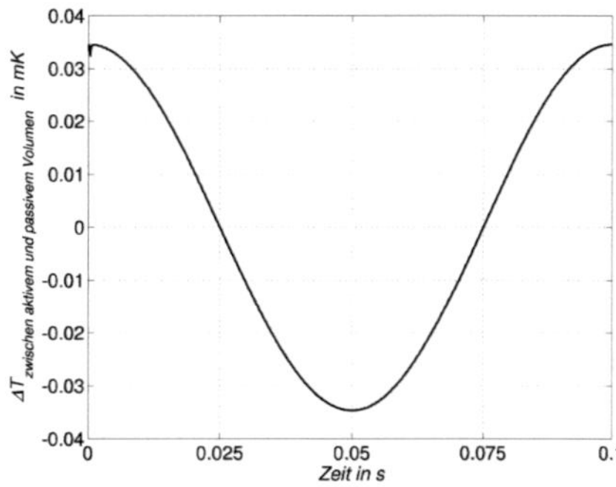

Abb. 4.12: Temperaturdifferenz zwischen aktivem und passivem Volumen während einer Periode entsprechend der Bestrahlungsstärke E nach Gl. (4.6) ($f = 10\,\text{Hz}$) im stationären Zustand.

Abb. 4.13 zeigt die simulierte Temperaturverteilung in einem Ausschnitt des strukturierten Sensorelementes zum Zeitpunkt $t = 0,1 \cdot T$ ($f = 10\,\text{Hz}$). Zwischen aktivem und passivem Volumen ist ein Temperaturunterschied zu erkennen. Der dadurch existierende Temperaturgradient ruft den beschriebenen, entgegengesetzt gerichteten Wärmestrom hervor. Dieser ist in Abb. 4.14 dargestellt. Für den Zeitpunkt $t = 0,1 \cdot T$ ($f = 10\,\text{Hz}$) ist der Wärmestrom vom passiven Gebiet (2) in das aktive Gebiet (1) gerichtet.

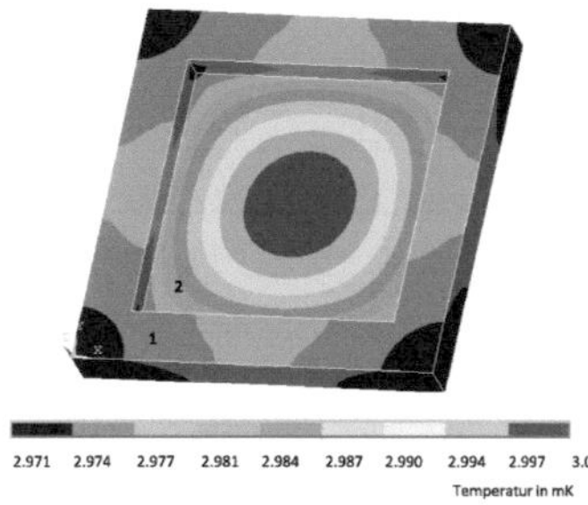

Abb. 4.13: Temperaturverteilung in einem Ausschnitt des strukturierten empfindlichen Elementes bei $t = 0,1 \cdot T$ ($f = 10\,\mathrm{Hz}$); (1) aktives Volumen, (2) passives Volumen.

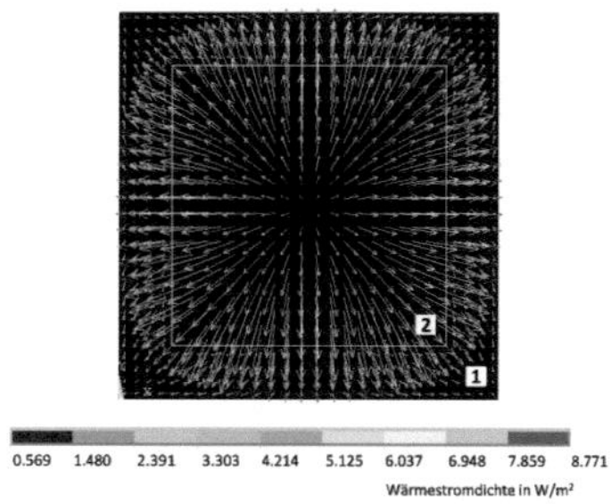

Abb. 4.14: Vektordarstellung der Wärmestromdichten in einem Ausschnitt des strukturierten empfindlichen Elementes bei $t = 0,1 \cdot T$ ($f = 10\,\mathrm{Hz}$); (1) aktives Volumen, (2) passives Volumen.

Zur Beurteilung der thermischen Verstärkung wurde ein thermischer Optimierungsfaktor eingeführt, der die Steigerung der Temperaturamplitude eines strukturierten Sensorelementes in Bezug auf einen unstrukturierten Sensor angibt. In Abb. 4.15 ist der thermische Optimierungsfaktor ($\frac{T_{\mathrm{str}}}{T_{\mathrm{unstr}}}$) für verschiedene Strukturgrößen, die teilweise bereits in [71] untersucht wurden, bei verschiedenen Frequenzen dargestellt.

Für Frequenzen unter 10 Hz wurde das vertikal-laterale Modell nach Abschnitt 4.1.2.b mit einer mittleren Schichtdicke d_{m} verwendet, für höhere Frequenzen das FE-Modell nach Abschnitt 4.1.1.c, da in diesem Frequenzbereich die Wärmeleitung in die umgebenden Gasschichten keine dominierende Rolle spielt und mit diesem Modell die eingebrachten Strukturen besser abgebildet werden können. Für strukturierte Sensoren entstehen durch die vorgenommenen Vereinfachungen an beiden Modellen Abweichungen zwischen der analytischen und der numerischen Lösung. Daher zeigt der in Abb. 4.15 dargestellte Frequenzgang des thermischen Optimierungsfaktors keine geschlossene Kurve, sondern besitzt eine Stufe an der Modellgrenze bei 10 Hz. Die Abweichungen hängen von den geometrischen Abmessungen s und a ab und können bis zu 25 % betragen. Unabhängig davon sinkt die relative Änderung der Temperaturamplitude für Frequenzen von weniger als 5 Hz ab. Grund dafür ist die große Periodendauer des einfallenden Strahlungsflusses, so dass sich ein thermisches Gleichgewicht zwischen den aktiven und den passiven Bereichen ausbilden kann und die Erhöhung gegenüber einem unstrukturierten Sensor nur noch aus der angenommenen mittleren Schichtdicke der strukturierten Sensoren resultiert. Bei

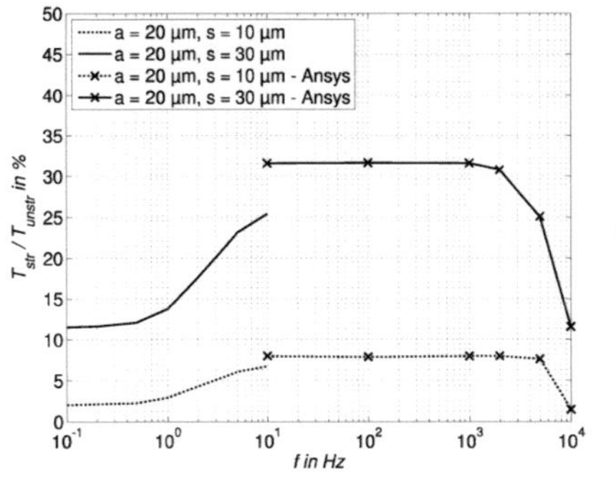

Abb. 4.15: Frequenzgang des thermischen Optimierungsfaktors für verschiedene Strukturgrößen, bezogen auf einen unstrukturierten Sensor gleicher Größe [71].

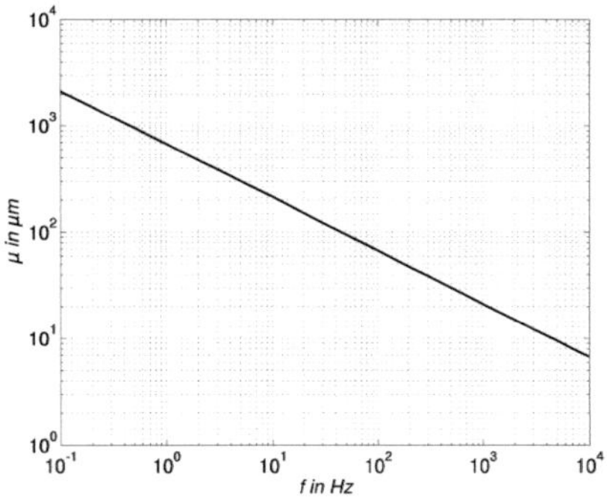

Abb. 4.16: Diffusionslänge μ in Abhängigkeit von der Modulationsfrequenz in $LiTaO_3$.

hohen Frequenzen sinkt der thermische Optimierungsfaktor ebenfalls ab. Die Ursache dafür ist eine Verringerung der thermischen Diffusionslänge μ der thermischen Welle. Diese gibt an, wie groß die Strecke ist, die eine thermische Welle zurücklegt, bis sie auf das $\frac{1}{e}$-fache abgesunken ist. Es gilt [77]:

$$\mu = \sqrt{\frac{2\,\lambda}{\omega\,\varrho\,c}}. \tag{4.35}$$

Dabei sind ω die Kreisfrequenz, λ die Wärmeleitfähigkeit, ϱ die Dichte und c die spezifische Wärmekapazität des Mediums, in dem sich die thermische Welle ausbreitet. Die Diffusionslänge ist für $LiTaO_3$ in Abb. 4.16 in Abhängigkeit von der Frequenz dargestellt. In Abhängigkeit vom Einsatzfrequenzbereich der Sensoren (z.B. 1 Hz bis 100 Hz) können die idealen Strukturabmessungen in einem weiten Bereich variieren. Sind die Anregungsfrequenzen im Einsatzbereich gering, so können auch wesentlich größere Strukturen zur Anwendung kommen.

Besonders deutlich wird die Frequenzabhängigkeit in Abb. 4.17, in welcher für verschiedene Orte innerhalb eines Grubenquerschnittes (Abb. 4.18) die Temperaturamplitude für eine Anregungsfrequenz von 10 kHz dargestellt ist. Je weiter der betrachtete Ort (Q2) vom passiven Gebiet entfernt ist, desto später wird das Maximum der Temperaturschwingung erreicht und desto geringer fällt die Temperaturamplitude aus. Dennoch ist die Temperaturamplitude für beide Orte im aktiven Gebiet (Q1 und Q2) gegenüber einem unstrukturierten

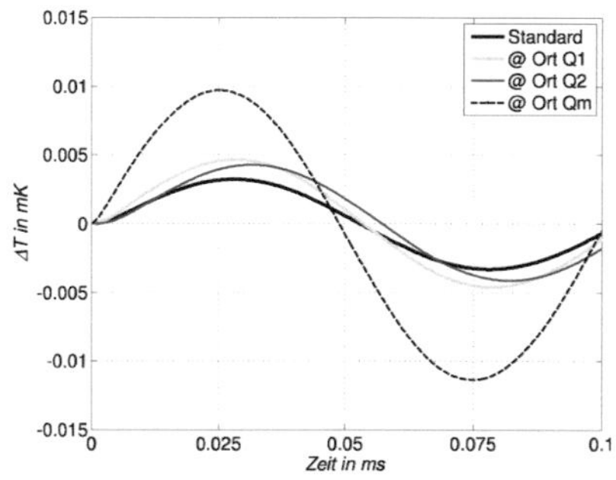

Abb. 4.17: Zeitabhängige Temperaturänderung ΔT für verschiedene Orte im Grubenquerschnitt für einen strukturierten Sensor mit $a = 15\,\mu\text{m}$, $s = 39\,\mu\text{m}$, $d_\text{a} = 6\,\mu\text{m}$ und $d_\text{p} = 2\,\mu\text{m}$ für $f = 10\,\text{kHz}$.

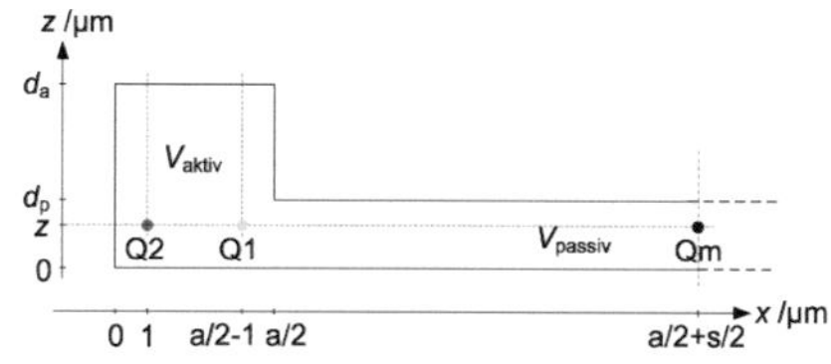

Abb. 4.18: Bestimmung der Temperaturänderung an verschiedenen Orten (Q2, Q1, Qm) im Grubenquerschnitt.

Standardsensor erhöht. Aufgrund der geringeren Schichtdicke ist die Temperaturamplitude im passiven Gebiet (Qm) wesentlich höher und bewirkt die Ausbildung des Wärmestromes vom passiven in das aktive Gebiet. Die Phasenverschiebung ist auf die begrenzte Diffusionslänge zurückzuführen, so dass in der gegebenen Zeit die Gebiete nicht gleichmäßig erwärmt werden können.

Den folgenden Untersuchungen liegt das Modell aus Abschnitt 4.1.2.a zugrunde.

4.3.2 Variation der Stegbreite und der Grubenweite

Die Stegbreite hat einen wesentlichen Einfluss auf die Kenngrößen des Sensors, da diese Bereiche die aktive Fläche A_FE (Gl. (4.28)) des Sensors bilden und dort durch den pyroelektrischen Effekt die für den pyroelektrischen Strom effektiv zur Verfügung stehenden Ladungen generiert werden. Durch die direkte Proportionalität der Stegbreite a zur Elektrodenfläche A_FE wird ebenso die Elementkapazität C_p mitbestimmt (Gl. (4.31)).

Abb. 4.19 gibt einen Überblick über den Einfluss der Stegbreite a und der Grubenweite s auf die wichtigsten Kenngrößen. Durch die Strukturierung der empfindlichen Sensorfläche und damit durch das Herauslösen von $LiTaO_3$ reduziert sich das zu erwärmende Volumenmaterial. Abb. 4.19a zeigt diesen Zusammenhang in Abhängigkeit von den Steg- und Grubenabmessungen. Je

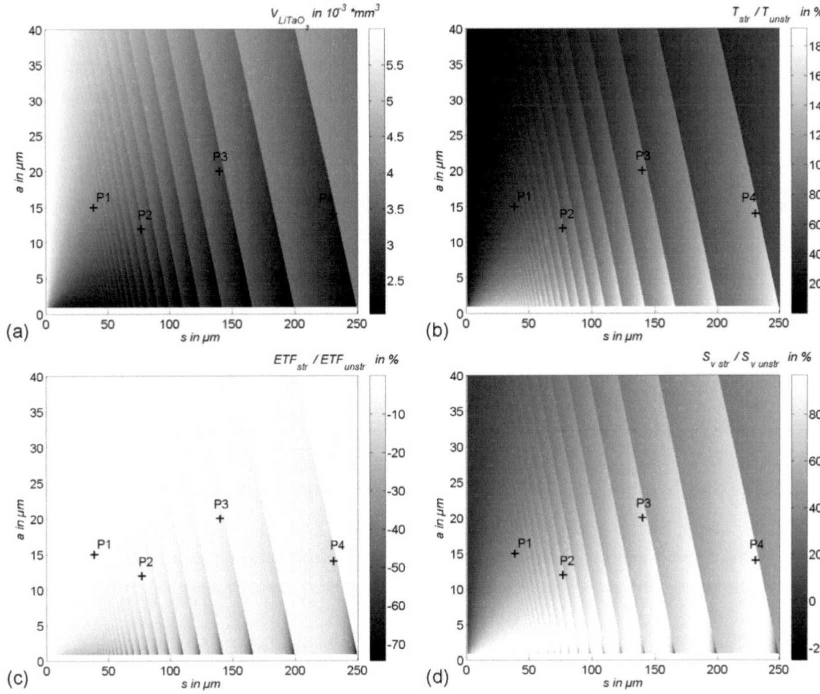

Abb. 4.19: Einfluss von Stegbreite a und Grubenweite s auf die Eigenschaften strukturierter pyroelektrischer $LiTaO_3$-Sensoren: Einfluss der Strukturierung auf (a) das verbliebene $LiTaO_3$-Volumen sowie (b) die relative Steigerung der Temperaturamplitude $\Delta\hat{T}$, (c) die relative Abnahme der ΔETF und (d) der erreichbare Empfindlichkeitsgewinn ΔS_{v} eines strukturierten Sensors bezogen auf einen unstrukturierten Sensor der gleichen Größe. Die diskreten Stufen beruhen auf der Tatsache, dass nur eine ganzzahlige Anzahl n an Gruben in die empfindliche Fläche geätzt werden kann und die Funktionen somit nur bereichsweise differenzierbar sind. Die Punkte P1 bis P4 kennzeichnen die in der Arbeit experimentell untersuchten Sensoren.

dunkler die Darstellung im Diagramm ist, desto weniger Volumenmaterial ist nach der Strukturierung noch vorhanden. Die diskreten Stufen in Abb. 4.19 können damit begründet werden, dass stets nur eine ganzzahlige Anzahl n an Gruben in die empfindliche Fläche (hier 1x1 mm^2) geätzt werden kann und die Funktion somit nur bereichsweise differenzierbar ist.

Abb. 4.19b veranschaulicht die Steigerung der erreichbaren Temperaturamplitude (nach Gl. (4.7)) gegenüber einem unstrukturierten Element in Abhängigkeit von der Steg- und Grubenbreite. Das Diagramm macht deutlich, dass die erzielbare Temperatursteigerung um so höher ist, je geringer die Stegbreite bzw. je größer die Grubenweite gewählt wird. Bei einer Stegbreite von bis zu 20 µm ist in Abhängigkeit von der entsprechenden Grubenweite eine Steigerung der Temperaturamplitude von über 100 % möglich. Verantwortlich dafür ist die geringere Wärmekapazität durch das verringerte Volumen, welches erwärmt werden muss.

Nach Gl. (4.32) und Abb. 4.19c nimmt durch die Reduzierung der Frontelektrodenfläche A_{FE} allerdings auch die elektrische Transferfunktion ETF (siehe Abschnitt 4.2.2) ab. Je größer die Grubenweite und je kleiner die Stegbreite gewählt werden, desto höher ist die Abnahme der ETF gegenüber einem unstrukturierten Sensor gleicher Größe. Allerdings fällt diese Abnahme bei geeigneter Wahl der geometrischen Parameter wesentlich geringer aus als die Steigerung der relativen Temperaturamplitude, so dass der Gewinn der nach Gl. (4.33) berechneten Spannungsempfindlichkeit eines strukturierten Sensors gegenüber einem unstrukturierten Sensor positiv ist (siehe Abb. 4.19d).

Im Sinne einer hohen Temperaturänderung, einer geringen Abnahme der ETF und einer daraus resultierenden hohen Spannungsempfindlichkeit wurden auf Grundlage der Simulationen aus Abb. 4.19 vier verschiedene geometrische Kombinationen aus Stegbreite a und Grubenweite s ausgewählt und näher untersucht. Dabei waren die primären Auswahlkriterien zum einen eine möglichst hohe erzielbare Spannungsempfindlichkeit und zum anderen eine große Ausbeute bei der technologischen Umsetzbarkeit. Diese ist nicht einfach, da zum Beispiel die Selektivität zwischen Resist und $LiTaO_3$-Substrat beim Ionenstrahlätzen sehr gering ist und damit die Realisierung sehr dünner Membranen in den passiven Bereichen von bis zu 1 µm eine große Herausforderung darstellt. Darauf basierend wurden die in Tab. 4.4 aufgeführten Strukturen näher betrachtet.

Diese Kombinationen sind durch Kreuze in den Diagrammen in Abb. 4.19 markiert. Um Ätzstrukturen mit einer reproduzierbaren Genauigkeit herstellen zu können, dürfen die Stegbreiten nicht zu schmal gewählt werden. Mit der vorhandenen Technologie sollten die Abmessungen daher nicht kleiner als 12 µm betragen. Abb. 4.20 zeigt einen Überblick von Schnittbildern, die den Plots aus Abb. 4.19 entnommen wurden. Auch hier sind die diskreten Stufen auf die

Tab. 4.4: Auswahl der zu untersuchenden Strukturen.

Probe	Stegbreite a in µm	Grubenweite s in µm
P1	15	39
P2	12	77
P3	20	140
P4	14	230

Maßgabe zurückzuführen, dass nur eine ganzzahlige Anzahl n an Gruben ($n \varepsilon \mathbb{N}$) in die empfindliche Fläche eingebracht werden kann. Die Abbildungen (4.20a,c,e) auf der linken Seite stellen die wichtigsten Kenngrößen bei verschiedenen, konstanten Stegbreiten a in Abhängigkeit vom Grubenquerschnitt s dar. Auf der rechten Seite (Abb. 4.20b,d,f) ist die umgekehrte Auswahl wiedergegeben, d.h. in Bezug auf verschiedene konstante Grubenweiten s sind die wichtigsten Kenngrößen in Abhängigkeit von der Stegbreite a aufgetragen.

Abb. 4.20 macht deutlich, dass bei konstanter Stegbreite a kleine Änderungen des Grubenquerschnittes s einen größeren Einfluss auf die Kenngrößen haben, als kleine Änderungen der Stegbreite a bei konstanten Grubenweiten s. Da sich diese Größen jedoch gegenseitig beeinflussen, zeigen die Simulationen nur eine Tendenz der Abhängigkeiten, so dass die Berechnungen an der konkreten Sensorgeometrie erfolgen müssen.

4.3.3 Variation der Grubentiefe

Neben der Stegbreite und dem Grubenquerschnitt hat auch das Verhältnis zwischen Elementdicke d_a und Ätztiefe $d_{\text{Ä}}$ bzw. der Restdicke d_p in den Gruben einen Einfluss auf die erreichbare Temperaturamplitude, da damit nach Gl. (2.6) die Wärmekapazität H_p beeinflusst wird. Ausgangsbasis für diese Simulationen ist derselbe Einelementsensor wie zuvor mit einer Elementdicke von 6 µm sowie mit einer Stegbreite von $a = 12$ µm und einer Grubenweite von $s = 77$ µm. Die Teilabbildungen in der Abb. 4.21 zeigen die relativen Steigerungen der $\Delta\hat{T}$, der ETF und dem daraus resultierenden S_v-Gewinn in Abhängigkeit von der Restdicke d_p des $LiTaO_3$ in den Gruben und den Abmessungen a und s.

Durch die Reduzierung der Restdicke d_p in den Gruben verringert sich die Wärmekapazität, so dass mit der gleichen einfallenden Strahlungsleistung eine höhere Temperaturamplitude erzielt werden kann. Die Temperaturamplitudensteigerung ist um so größer, je geringer die Dicke d_p in den Gruben gewählt wird.

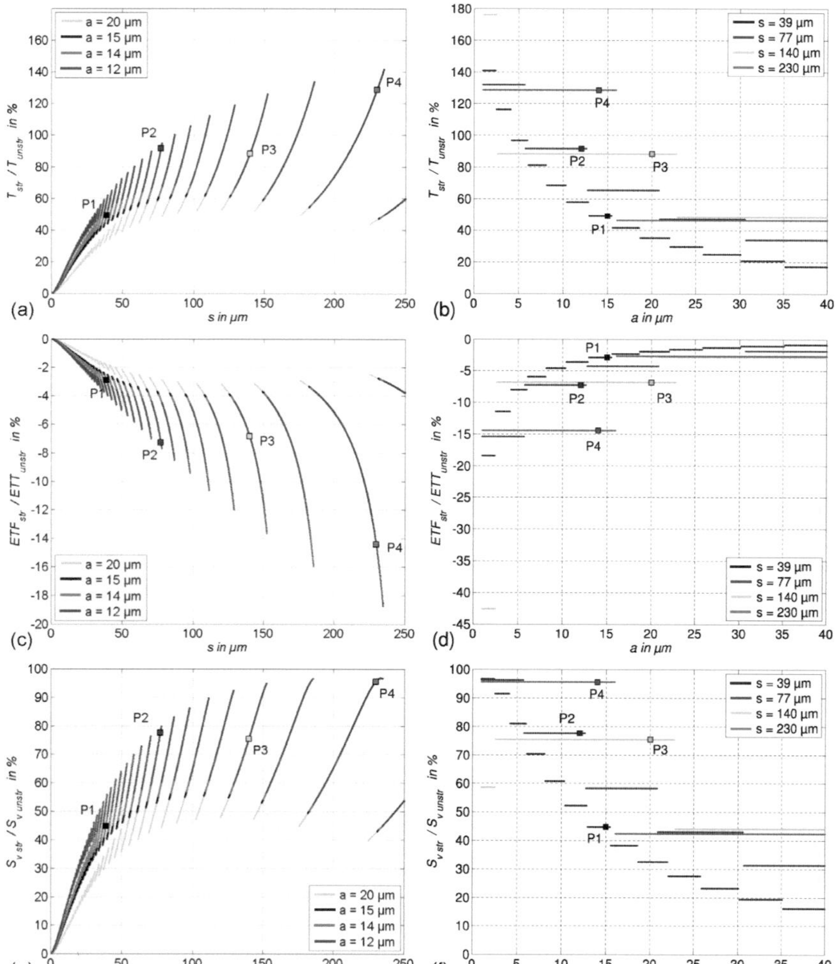

Abb. 4.20: Einfluss der Strukturierung auf die relative Steigerung der Temperaturamplitude $\Delta\hat{T}$, der ΔETF und des erreichbaren Empfindlichkeitsgewinns ΔS_{v} eines strukturierten Sensors gegenüber einem unstrukturierten Sensor der gleichen Größe bei (a), (c), (e) konstanter Stegbreite a und (b), (d), (f) kontanter Grubenweite s. Die diskreten Kurvenscharen resultieren aus der Tatsache, dass nur eine ganzzahligen Anzahl n an Gruben in die empfindliche Fläche geätzt werden kann und die Funktionen somit nur bereichsweise differenzierbar sind. Die eingetragenen Punkte P1 bis P4 markieren die simulierten Kennwerte der experimentell untersuchten Sensoren.

Ist die Elementdicke d_a gleich der Dicke d_p in den Gruben, so ist die Steigerung der Temperaturamplitude gleich null, da in diesem Fall der unstrukturierte Standardsensor vorliegt. Die Dicke d_p in den Gruben hat keinen Einfluss auf die ETF, da die Frontelektrodenfläche A_{FE} und somit die elektrische Kapazität nicht beeinflusst wird. Für $d_a = d_p$ stellt die Frontelektrodenfläche eine Art Gitterrasterelektrode dar, wodurch die relative ETF nicht null werden kann, da die Elektrodenfläche A_{FE} immer noch kleiner als die Frontelektrodenfläche A_s des Standardsensors ist.

Mit Gl. (4.33) folgt aus den Ergebnissen der Temperaturamplitude und der ETF der resultierende Spannungsempfindlichkeitsgewinn ΔS_v in Abb. 4.21e,f. Es wird deutlich, dass mit abnehmender Restdicke in den Gruben, der Empfindlichkeitsgewinn weiter erhöht werden kann. Die Verschlechterung der S_v eines Sensors im Fall $d_a = d_p$ ist auf die verringerte Elektrodenfläche A_{FE} gegenüber einem Standardsensor mit ganzflächiger Frontelektrode zurückzuführen.

4.3.4 Variation der Elementdicke

Die Elementdicke d_a der Einelementsensoren hat ebenfalls einen entscheidenden Einfluss auf die erreichbaren Sensorkenngrößen. Den Simulationen wurde ein Einelementsensor wie in den vorangegangenen Untersuchungen zugrundegelegt, der eine Stegbreite von $a = 12\,\mu\text{m}$, eine Grubenweite von $s = 77\,\mu\text{m}$ und eine Restdicke $d_p = 2\,\mu\text{m}$ besitzt. Abb. 4.22 gibt einen Überblick über die erreichbare Steigerung der Temperaturamplitude, die elektrische Transferfunktion und den resultierenden Spannungsempfindlichkeitsgewinn. Je größer das Verhältnis zwischen Elementdicke zu Restdicke gewählt wird, desto höher ist die erreichbare relative Steigerung der Temperaturamplitude. Grund dafür ist der größer werdende Unterschied zwischen den Wärmekapazitäten der passiven und aktiven Bereiche und die daraus resultierende Höhe des Wärmestromes. Die Abhängigkeit der erreichbaren $\Delta\hat{T}$ von der Stegbreite a (siehe Abb. 4.22b,d,f) zeigt, dass der Einfluss der Elementdicke innerhalb bestimmter Stegbreitenbereiche konstant ist, jedoch einen wesentlichen Einfluss auf die Quantität der Temperaturamplitudensteigerung hat.

Durch die Variation der Elementdicke und damit der Schichtdicke der aktiven Bereiche ändert sich durch die variable Elementkapazität C_p die ETF. Je größer die Elementdicke bei konstanter Restdicke in den Gruben ist, desto größer ist die Abnahme gegenüber einem unstrukturierten Sensor. Somit lässt sich für die resultierende Spannungsempfindlichkeit festhalten, dass in Abhängigkeit von den Strukturabmessungen der Gewinn um so höher ist, je größer das Verhältnis zwischen Elementdicke und Restdicke der passiven Bereiche ($\frac{d_a}{d_p}$) gewählt wurde.

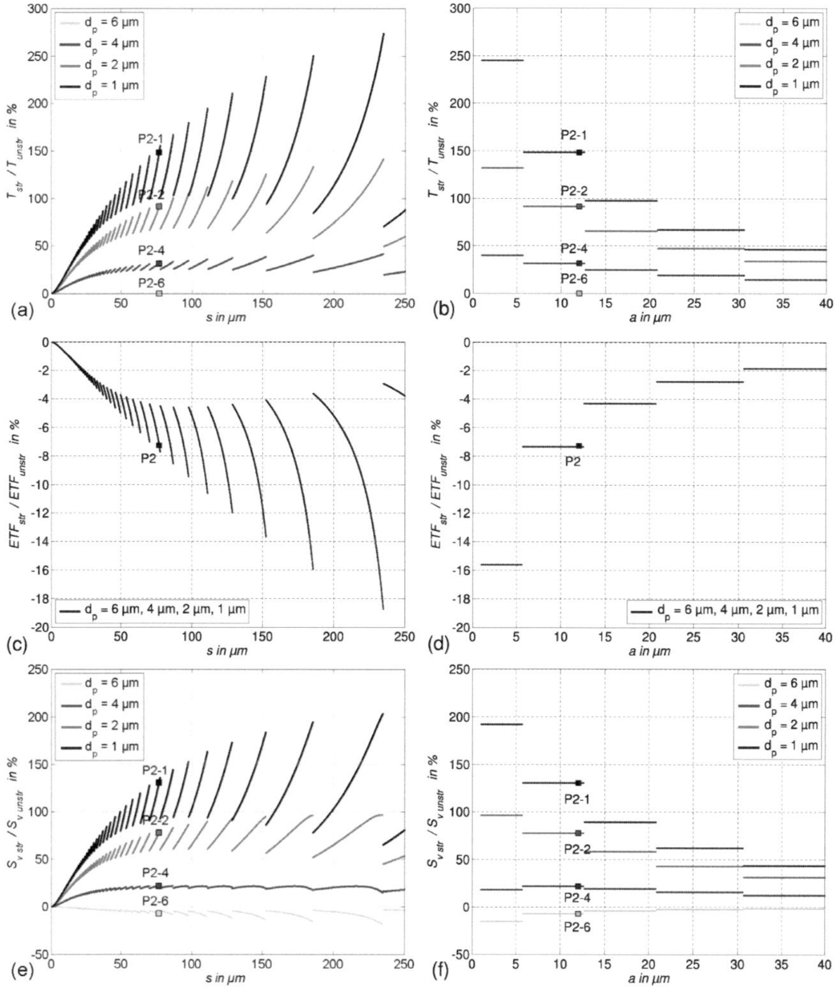

Abb. 4.21: Einfluss der Restschichtdicke in den Gruben auf die erzielbare Temperaturamplitudensteigerung $\Delta\hat{T}$, die ΔETF und den erreichbaren Empfindlichkeitsgewinn ΔS_{v} eines strukturierten Sensors mit einer Elementdicke von $d_{\mathrm{a}} = 6\,\mu\mathrm{m}$, bezogen auf einen unstrukturierten Sensor der gleichen Größe, bei (a), (c), (e) konstanter Stegbreite $a = 12\,\mu\mathrm{m}$ und bei (b), (d), (f) konstanter Grubenweite $s = 77\,\mu\mathrm{m}$. Da in der Praxis nur eine ganzzahlige Grubenanzahl n in die empfindliche Sensorfläche geätzt werden kann, weisen die Kurvenscharen diskrete Stufen auf. Die eingetragenen Punkte kennzeichnen die simulierten Kennwerte der untersuchten Proben.

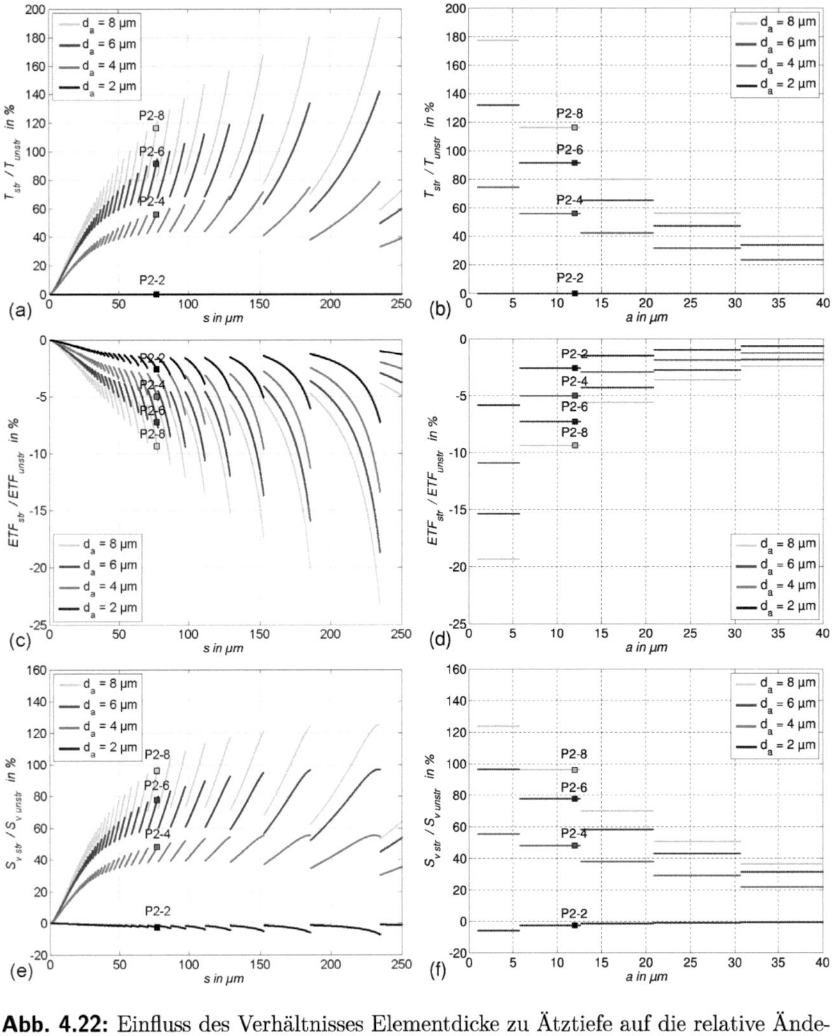

Abb. 4.22: Einfluss des Verhältnisses Elementdicke zu Ätztiefe auf die relative Änderung der Temperaturamplitudensteigerung $\Delta\hat{T}$, der ΔETF und den erreichbaren Empfindlichkeitsgewinn ΔS_{v} eines strukturierten Sensors, bezogen auf einen unstrukturierten Sensor der gleichen Größe, bei (a), (c), (e) konstanter Stegbreite $a = 12\,\mu\mathrm{m}$ und bei (b), (d), (f) konstanter Grubenweite $s = 77\,\mu\mathrm{m}$. Die diskreten Stufen sind auf die ganzzahlige Ätzgrubenzahl zurückzuführen, die nur in die empfindliche Fläche eingebracht werden kann. Die eingetragenen Punkte kennzeichnen die simulierten Kennwerte der untersuchten Sensoren.

4.3.5 Variation der geätzten Grubenform

Bisher wurden quaderförmige Gruben betrachtet, die in die empfindliche Fläche eingebracht wurden. Im Folgenden soll untersucht werden, welchen Einfluss die Form der in die Frontelektrode geätzten Strukturen auf die erreichbaren Steigerungen der Sensorkenngrößen hat. Dafür wurden quader-, zylinder- und pyramidenstumpfförmige Formen betrachtet (siehe Abb. 4.23).

(a) quaderförmig (b) zylinderförmig (c) pyramidenstumpfförmig

Abb. 4.23: Untersuchte Formen für die Strukturierung der empfindlichen Fläche.

Für die Simulationsergebnisse in Abb. 4.24 wurde analog zu den vorangegangenen Untersuchungen ein Sensor mit folgenden geometrischen Abmessungen verwendet: $d_\mathrm{a} = 6\,\mu\mathrm{m}$, $d_\mathrm{p} = 2\,\mu\mathrm{m}$, $a = 12\,\mu\mathrm{m}$ und $s = 77\,\mu\mathrm{m}$. Lediglich die Form der Strukturen variiert. Für die pyramidenstumpfförmigen Strukturen wurde ein Flankenwinkel von 45° angenommen. Abb. 4.24a zeigt die relative Steigerung der Temperaturamplitude in Abhängigkeit von der Grubenweite s. Es zeigt sich, dass mit quaderförmigen Strukturen die größte Steigerung erreicht wird. Der Hauptgrund ist das geringere verbleibende Volumen dieser Struktur, wodurch die passiven Bereiche größer sind und sich schneller erwärmen als bei den anderen Strukturformen, denn es gilt:
$V_\text{quaderförmig} > V_\text{pyramidenstumpfförmig} > V_\text{zylinderförmig}$.
Für die elektrische Transferfunktion ist die Frontelektrodenfläche A_FE maßgebend. Da für die gewählten Strukturen
$A_\text{FE-zylinderförmig} > A_\text{FE-pyramidenstumpfförmig} = A_\text{FE-quaderförmig}$
gilt, ist die Abnahme der ETF für die zylinderförmigen Strukturen wesentlich geringer als für die beiden anderen Formen, die aufgrund des gleichen Flächenanteils identisch sind (siehe Abb. 4.24c,d).

Da durch die Strukturierung die relative Steigerung der Temperaturamplitude stets größer ist als die Abnahme der ETF, gilt auch für den erreichbaren Spannungsempfindlichkeitsgewinn, dass sich mit den quaderförmigen Strukturen

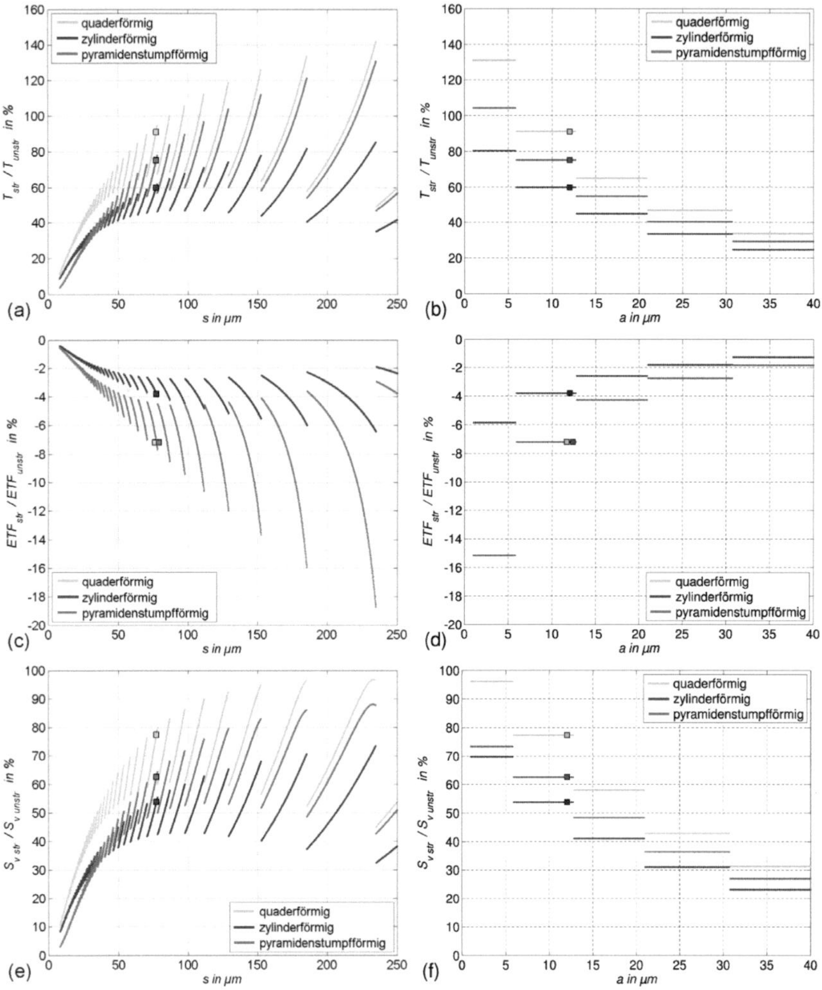

Abb. 4.24: Einfluss der Strukturierungsform auf die relative Steigerung der Temperaturamplitude $\Delta\hat{T}$, der ΔETF und den erreichbaren Empfindlichkeitsgewinn ΔS_{v} eines strukturierten Sensors, bezogen auf einen unstrukturierten Sensor der gleichen Größe, bei (a), (c), (e) konstanter Stegbreite $a = 12\,\mu\mathrm{m}$ und bei (b), (d), (f) konstanter Grubenweite $s = 77\,\mu\mathrm{m}$ für einen Sensor mit $A = 1 \times 1\,\mathrm{mm}^2$, $d_{\mathrm{a}} = 6\,\mu\mathrm{m}$, $d_{\mathrm{p}} = 2\,\mu\mathrm{m}$. Die markierten Punkte kennzeichnen die simulierten Kennwerte der untersuchten Sensoren.

Tab. 4.5: Vergleich der berechneten Temperaturamplituden $\Delta\hat{T}$ im strukturierten empfindlichen Element für verschiedene Modelle bei 10 Hz bei einer einfallenden Strahlungsleistung von 4 µW.

Modell / Struktur	P1	P2	P3	P4
Grubenweite s	39 µm	77 µm	140 µm	230 µm
Stegbreite a	15 µm	12 µm	20 µm	14 µm
Nulldimensionales Modell	4,94 mK	6,34 mK	6,23 mK	7,56 mK
Vereinfachtes FE-Modell	5,05 mK	6,57 mK	6,73 mK	8,09 mK
Abweichung	2 %	4 %	7 %	7 %

die besten Ergebnisse erzielen lassen. Bei einer Grubenweite $s < 30$ µm kehrt sich das Verhältnis von V_x (herausgelöstes Volumen) zu $A_{\text{FE-Form}}$ (Frontelektrodenfläche) um (siehe Abb. 4.24a), so dass sich beim untersuchten Aufbau für die zylinderförmigen Strukturen bessere Ergebnisse ergeben als für die pyramidenstumpfförmigen, wobei sie dennoch nicht die erzielbaren Werte der quaderförmigen Einätzungen erreichen.

In Tab. 4.5 sind die Temperaturamplituden $\Delta\hat{T}$ für das 0D- und das vereinfachte numerische Modell nach Abschnitt 4.1.1.c sowie die Abweichungen zueinander gegenübergestellt. Aufgrund der Vereinfachungen, die im 0D-Modell für die strukturierte Sensorfläche vorgenommen wurden, ist der Unterschied zwischen dem analytischen und dem numerischen Modell höher, als er bei der Untersuchung an unstrukturierten Sensoren ermittelt wurde.

4.3.6 Einfluss der Absorptionsschicht

Bei den bisherigen Untersuchungen wurde davon ausgegangen, dass $LiTaO_3$ einen konstanten Absorptionsgrad α besitzt. Doch die Analyse der optischen Eigenschaften von $LiTaO_3$ zeigt, dass das Absorptionsverhalten bei unterschiedlichen Substratdicken nicht unberücksichtigt bleiben kann. Mittels eines FTIR-Spektrometers (Spectrum 2000, PerkinElmer) wurden der spektrale Transmissionsgrad $\tau(\lambda)$ und der spektrale Reflexionsgrad $\rho(\lambda)$ gemessen und aus der Beziehung

$$\alpha(\lambda) = 1 - \tau(\lambda) - \rho(\lambda) \tag{4.36}$$

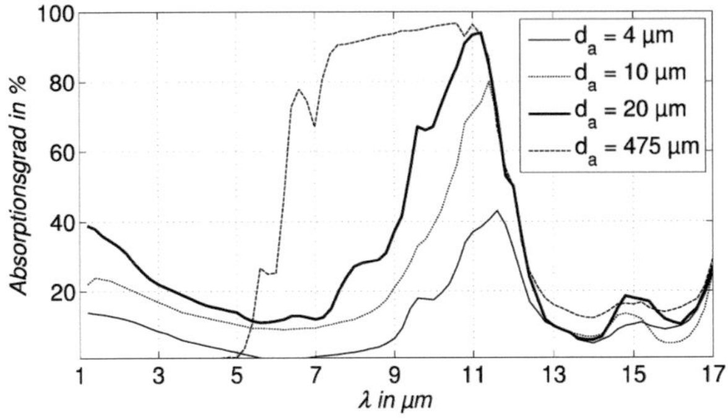

Abb. 4.25: Spektraler Absorptionsgrad $\alpha(\lambda)$ von $LiTaO_3$ bei unterschiedlichen Schichtdicken d_a [45, 76].

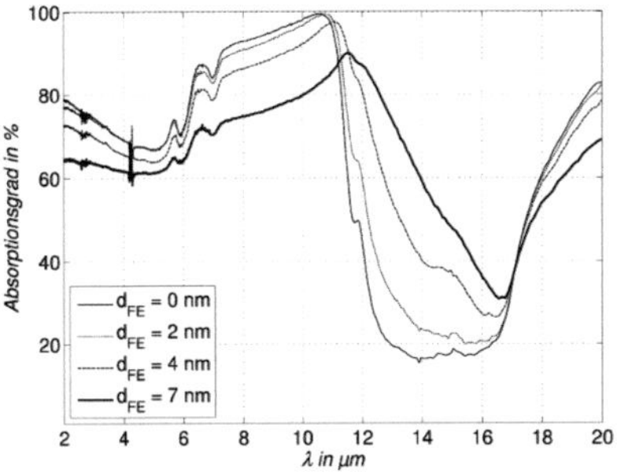

Abb. 4.26: Spektraler Absorptionsgrad $\alpha(\lambda)$ von einseitig poliertem, 475 µm dickem $LiTaO_3$ mit 25 nm Rückelektrode und unterschiedlichen Frontelektrodendicken d_{FE}.

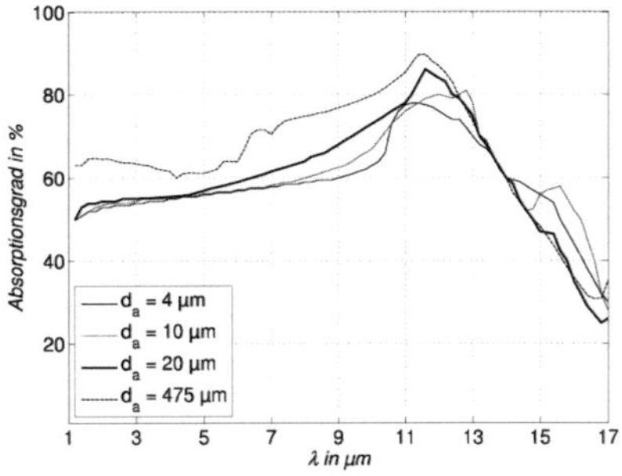

Abb. 4.27: Spektraler Absorptionsgrad $\alpha(\lambda)$ von $LiTaO_3$ mit Standardelektroden bei unterschiedlichen Schichtdicken d_a [45].

der spektrale Absorptionsgrad $\alpha(\lambda)$ von verschiedenen $LiTaO_3$-Schichtdicken bestimmt. Abb. 4.25 zeigt, dass sich der Absorptionspeak mit abnehmender $LiTaO_3$-Dicke zu höheren Wellenlängen verschiebt und abnimmt [45].

Auch die Front- und Rückelektroden haben einen maßgeblichen Einfluss auf das Absorptionsverhalten eines Sensors. Abb. 4.26 zeigt für ein 475 µm dickes $LiTaO_3$-Substrat mit einer 25 nm dicken Rückelektrode den spektralen Absorptionsgrad $\alpha(\lambda)$ für verschiedene Frontelektrodendicken.

Um das Absorptionsverhalten im technisch interessanten Wellenlängenbereich von $\lambda = (2 \ldots 20)$ µm beurteilen zu können, wurde nach dem KIRCHHOFFschen Strahlungsgesetz der Bandabsorptionsgrad α_{B} für eine bestimmte Temperatur T wie folgt berechnet [1, 22]:

$$\alpha_{\mathrm{B}} = \frac{\int_{\lambda_1}^{\lambda_2} M_{\lambda\mathrm{s}}(\lambda) \cdot \alpha(\lambda)\, d\lambda}{\int_{\lambda_1}^{\lambda_2} M_{\lambda\mathrm{s}}(\lambda)\, d\lambda}, \tag{4.37}$$

mit

$$M_{\lambda\mathrm{s}} = \frac{2\pi c_0^2 h}{\lambda^5} \cdot \frac{1}{exp(\frac{c_0 h}{\lambda k_{\mathrm{B}} T}) - 1}. \tag{4.38}$$

Dabei sind c_0 die Lichtgeschwindigkeit im Vakuum, h das PLANCKsche Wirkungsquantum und k_{B} die BOLTZMANN-Konstante.
In [11] wurde der Bandabsorptionsgrad α_{B} in Abhängigkeit von der $LiTaO_3$-Schichtdicke ohne Elektroden untersucht. Für Schichtdicken von 0,4 µm bis 3 µm liegt α_{B} im Bereich von 0,16 bis 0,21 und kann als annähernd konstant angesehen werden. Für steigende Schichtdicken nimmt der Bandabsorptionsgrad zu. Folglich ist die Eigenabsorption des Substrates bei sehr kleinen Schichtdicken ($d_{\mathrm{a}} < 3$ µm) nicht ausreichend und eine Absorptionsschicht erforderlich.

Standardmäßig werden am Institut für Festkörperelektronik der Technischen Universität Dresden 7 nm dicke Front- und 25 nm dicke Rückelektroden aus $Ni_{80}Cr_{20}$ verwendet. Aus Abb. 4.27 wurde der Bandabsorptionsgrad α_{B} nach Gl. (4.37) für dieses Schichtsystem in Abhängigkeit von der $LiTaO_3$-Dicke bestimmt. Er beträgt unabhängig von der Elementdicke ca. 0,62 [11]. Tab. 4.6 zeigt den Bandabsorptionsgrad α_{B} in Abhängigkeit von der Frontelektrodendicke d_{FE} für ein 475 µm dickes $LiTaO_3$-Substrat mit einer 25 nm dicken Rückelektrode im technisch interessanten Wellenlängenbereich von $\lambda = (2 \ldots 20)$ µm (ermittelt aus Abb. 4.26).

Mit zunehmender Frontelektrodendicke nimmt der Bandabsorptionsgrad zwar ab, aber die Homogenität des spektralen Absorptionsgrades wird durch das Elektrodensystem über den betrachteten Wellenlängenbereich verbessert (Abb. 4.26).

Nach Gl. (2.2) ist der Absorptionsgrad des Sensorelementes direkt proportional zur Temperaturänderung. Daher sollte α möglichst nahe Eins liegen. In der Arbeit beträgt die Elementdicke im Bereich der geätzten Gruben etwa 1 µm bis 3 µm und ist damit im Vergleich zu den aktiven Bereichen höchstens halb so dick. Mit den Ergebnissen aus [11] und den dargestellten Untersuchungen reicht die

Tab. 4.6: Bandabsorptionsgrad α_B von $LiTaO_3$ für $\lambda = (2 \ldots 20)\,\mu m$ mit verschiedenen Dicken d_{FE} ($d_a = 475\,\mu m$, $d_{RE} = 25\,nm$) für $T = 300\,K$.

d_{FE}	Bandabsorptionsgrad α_B
0 nm	81 %
2 nm	78 %
4 nm	73 %
7 nm	64 %

Eigenabsorption des $LiTaO_3$ in diesem Schichtdickenbereich nicht aus, um einfallende IR-Strahlung effektiv zu absorbieren. Wie gezeigt wurde, kann jedoch durch das Aufbringen einer nur wenige nm-dicken $Ni_{80}Cr_{20}$-Metalldünnschicht der Bandabsorptionsgrad dünner $LiTaO_3$-Schichten verdreifacht werden [11]. Durch das Aufbringen spezieller Absorptions- und Antireflexionsschichten lassen sich sogar Werte von 0,95 erzielen [78].

Daher ist das Einbringen einer Absorptionsschicht in die Gruben entscheidend, um den Absorptionsgrad in diesen Bereichen zu erhöhen. Allerdings darf die thermische Masse der eingebrachten Schicht nicht zu groß sein, damit eine maximal mögliche Temperaturänderung im Sensorelement erreicht wird. Es werden daher folgende allgemeine Anforderungen an eine Absorptionsschicht gestellt:

- hohes Absorptionsvermögen der einfallenden infraroten Strahlung,
- geringe thermische Masse,
- geringe Wärmekapazität,
- hohe Wärmeleitfähigkeit und
- gute Technologiekompatibilität.

Art der Absorptionsschicht

Mit den in Tab. 4.3 aufgeführten Materialien wurden nach dem mit einer Absorptionsschicht erweiterten einfachen FE-Modell die Temperaturamplituden simuliert und verglichen. Es wurden vier Fälle untersucht (Abb. 4.28):

1. Keine Absorptionsschicht befindet sich auf dem strukturierten Sensor (Fall 1).

2. Die Absorptionsschicht befindet sich nur in den Gruben, d.h. in den passiven Bereichen (Fall 2).

3. Die Absorptionsschicht befindet sich sowohl auf den aktiven als auch auf den passiven Bereichen (Fall 3).

4. Die Absorptionsschicht befindet sich nur auf den Stegen, d.h. auf den aktiven Bereichen (Fall 4).

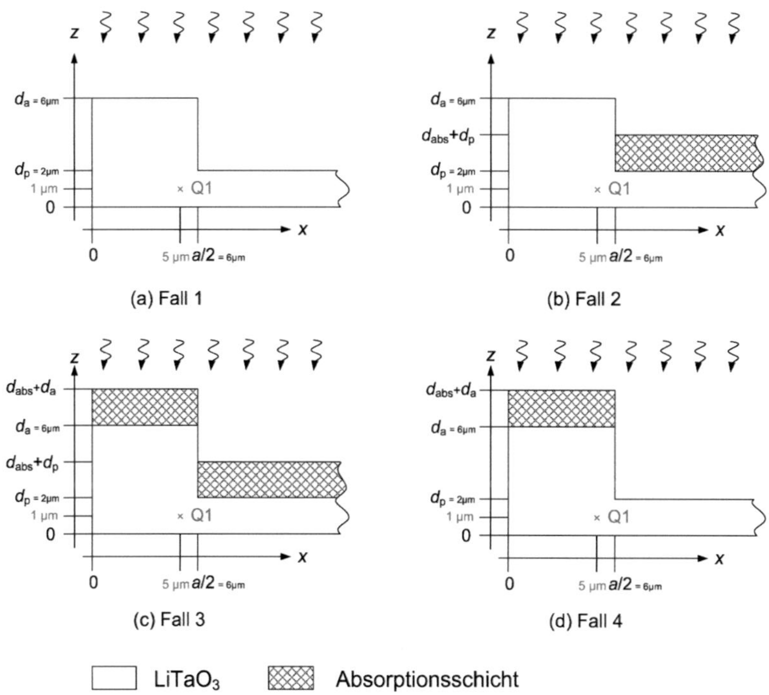

Abb. 4.28: Untersuchte Fälle zur Bestimmung des Einflusses unterschiedlicher Absorptionsgrade und verschiedener Absorptionsschichten in strukturierten Sensorelementen auf die Temperaturamplitude. Die Abbildung zeigt einen Ausschnitt aus einem strukturierten Sensorchip ($d_a = 6\,\mu m$, $d_p = 2\,\mu m$, $a = 12\,\mu m$, $s = 77\,\mu m$, $f = 10\,Hz$): (a) ohne eine Absorptionsschicht (Fall 1), (b) nur in den Gruben (Fall 2), (c) sowohl in den Gruben als auch auf den Stegen (Fall 3) und (d) nur auf den Stegen (Fall 4). Q1 ist der Messpunkt zur Bestimmung der Temperaturamplitude.

Zunächst wurde nur der Einfluss unterschiedlicher Absorptionsgrade in den aktiven und passiven Bereichen auf die erzielbare Temperaturamplitude für die in Abb. 4.28 dargestellten Fälle untersucht. Dabei wurde in den unbeschichteten Bereichen ein Absorptionsgrad von 0,62 und in den beschichteten Bereichen ein Absorptionsgrad von Eins angenommen. Abb. 4.29 zeigt die Werte der simulierten Temperaturamplituden in Abhängigkeit von den Fällen 1 bis 4.

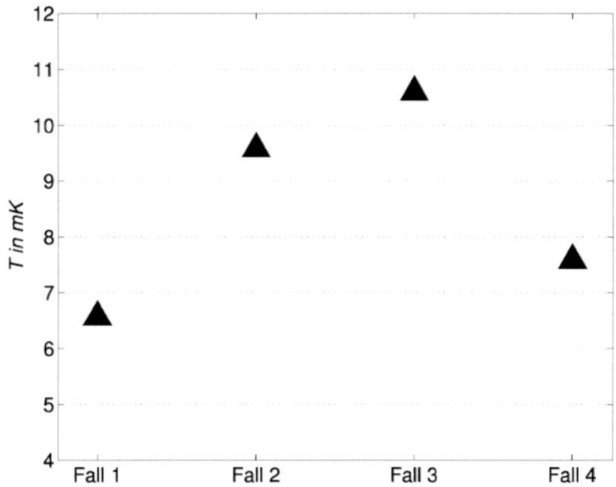

Abb. 4.29: Simulierte, erreichbare Temperaturamplitude für strukturierte Sensoren mit unterschiedlichen Absorptionsgraden in den aktiven und den passiven Bereichen entsprechend den Fällen 1 bis 4 aus Abb. 4.28. Die Art und die Dicke der Absorptionsschicht wird nicht betrachtet.

Es wird deutlich, dass mit einem höheren Absorptionsgrad in den aktiven und den passiven Bereichen die größte Temperaturamplitude erzielt werden kann. Aber auch mit einem höheren Absorptionsgrad in den dünneren passiven Bereichen gegenüber den aktiven Gebieten lässt sich der Wärmestrom aufgrund des höheren Wärmeeintrages und damit die erzielbare Temperaturamplitude deutlich steigern.

Im nächsten Schritt wurde die Wirkung der Absorptionsschichtart analysiert. Den Simulationen wurden die in Tab. 4.3 aufgeführten typischen Schichtdicken der jeweiligen Absorptionsschicht zugrundegelegt. Um den Einfluss der jeweiligen Absorptionsschicht abschätzen zu können, wurde die ermittelte Temperaturamplitude eines strukturierten Sensors mit Absorptionsschicht auf einen gleichartig strukturierten Sensor ohne eine Absorptionsschicht (Fall 1) bezogen. Damit kann direkt der Einfluss der Absorptionsschicht abgelesen werden.

Abb. 4.30 zeigt die erreichbare Steigerung der Temperaturamplituden gegenüber strukturierten Sensorchips ohne eine Absorptionsschicht für verschiedene Absorptionsschichtarten. Dabei wurden die Fälle 2 bis 4 unterschieden. Die Werte wurden für ein und denselben Punkt Q1 im FE-Modell aufgenommen (Q1(x,y,z) = Q1(5 µm, 45 µm, 1 µm)) (Abb. 4.28).

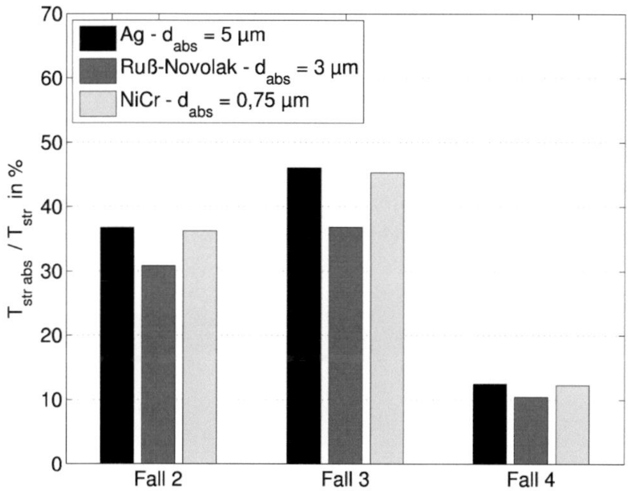

Abb. 4.30: Relative Steigerung der Temperaturamplituden $\Delta\hat{T}$ von strukturierten Sensoren ($d_\text{a} = 6\,\mu\text{m}$, $d_\text{p} = 2\,\mu\text{m}$, $a = 12\,\mu\text{m}$, $s = 77\,\mu\text{m}$, $f = 10\,\text{Hz}$) mit einer Absorptionsschicht bezogen auf einen strukturierten Sensor ohne eine Absorptionsschicht in Abhängigkeit von der Art der Absorptionsschicht. Fall 2: Die Absorptionsschicht befindet sich nur in den Ätzgruben, Fall 3: Sie befindet sich sowohl in den Gruben als auch auf den Stegen und Fall 4: Sie befindet sich nur auf den aktiven Bereichen (Abb. 4.28).

Die größten Steigerungen lassen sich im Fall 3 erzielen, wenn sich eine Absorptionsschicht sowohl auf den Stegen als auch in den Gruben befindet. Durch den erhöhten Absorptionsgrad wird mehr Wärmestrahlung absorbiert und der Wärmestrom von den passiven in die aktiven Bereiche steigt. Für die typischen Schichtdicken der jeweiligen Absorptionsschichtart verhalten sich die Wärmekapazitäten von [Ag : Ruß-Novolak : NiCr] im Verhältnis [1 : 1,7 : 1,1] (berechnet nach Gl. (2.6)). Mit den unterschiedlichen Wärmekapazitäten der aufgebrachten Absorptionsschichten lässt sich das Verhältnis der Steigerungen der einzelnen Absorptionsschichtarten in Fall 2 bis 4 zueinander erklären. Je höher die Wärmekapazität der aufgebrachten Schicht ist, desto geringer fällt die Steigerung aus. In [76] wurde bereits der positive Einfluss strukturierter Absorptionsschichten auf einem homogenen Substrat zur Steigerung der Empfindlichkeit erfolgreich nachgewiesen und diese Idee patentiert [79].

Da die Wärmekapazität des $LiTaO_3$ deutlich größer ist als die Wärmekapazitäten der untersuchten Absorptionsschichten, ist die Steigerung der Temperaturamplituden in erster Linie auf die Erhöhung des Absorptionsgrades zurückzuführen. Die Ausbildung des Wärmestromes wird von der unterschiedlichen Substratdicke und damit den unterschiedlichen Wärmekapazitäten der aktiven und passiven Bereiche dominiert. Die Wärmeleitfähigkeit der Absorptionsschichten ist nicht relevant, da die Schichten sehr dünn sind.

Damit lässt sich festhalten, dass eine ganzflächige Abscheidung einer Absorptionsschicht optimal ist, weil durch die Erhöhung des Absorptionsgrades der Wärmeeintrag in allen Gebieten deutlich gesteigert werden kann.

Die Technologiekompatibilität der untersuchten Absorptionsschichten wird in Abschnitt 4.5.5 diskutiert.

4.4 Entwurfsrichtlinien

Ausgehend von den vorgestellten Simulationsergebnissen werden im Folgenden Entwurfsrichtlinien für strukturierte Einelementsensoren abgeleitet. Mit diesen Sensoren soll sich gegenüber unstrukturierten Sensoren gleicher Größe eine höhere Temperaturamplitude $\hat{T}$, eine durch die Verringerung der Frontelektrode zwar verkleinerte ETF, aber als Resultat eine erhöhte Spannungsempfindlichkeit S_v erreichen lassen.

Wie bereits in Abschnitt 4.3.2 und Abb. 4.19 deutlich wurde, beeinflussen sich die geometrischen Abmessungen der Steg- und Grubenbreiten in entscheidendem Maße. Daher sollte beim Entwurf zunächst von der technologischen Realisierbarkeit der Stegbreiten ausgegangen werden und danach in Abhängigkeit von der erzielbaren Steigerung der Spannungsempfindlichkeit die Grubenweite bestimmt werden. Die Stegbreite sollte auch deshalb nicht zu schmal gewählt werden, da sonst die Frontelektrodenfläche zur effektiven Generierung der Ladungen des pyroelektrischen Stromes zu klein wird und damit eine Verschlechterung der ETF zur Folge hat. Anschließend folgen die Wahl der Elementdicke d_a und der Ätztiefe $d_\mathrm{Ä}$ bzw. Restdicke d_p in den Gruben.

Zusammenfassend lässt sich für strukturierte Einelementsensoren zur Erhöhung der erzielbaren Temperaturamplitude in den aktiven Bereichen und damit einer gesteigerten Spannungsempfindlichkeit gegenüber unstrukturierten Sensoren gleicher Größe folgender Entwurfsplan ableiten:

1. Wahl der Stegbreite: Aufgrund der zur Verfügung stehenden Technologien und unter Einbeziehung der Kosten wird eine Stegbreite $a > 10\,\mu\mathrm{m}$ empfohlen,

2. Wahl der optimalen Grubenweite s - mit Hinblick auf die kritische Diffusionslänge (siehe Abb. 4.16),

3. Wahl der Elementdicke d_a und

4. Wahl der Ätztiefe $d_\mathrm{Ä}$ und somit der Restdicke d_p in den passiven Bereichen.

Für die Form der Ätzgruben sollte stets eine quadratische Fläche gewählt werden, da das herausgelöste Volumenmaterial einen entscheidenden Einfluss auf die Temperaturamplitude hat und somit die Form mit dem größten herauszulösenden Volumenanteil zu bevorzugen ist (siehe Abschnitt 4.3.5). Deshalb sind steile Grubenkanten mit einem Flankenwinkel von annähernd 90° anzustreben (siehe Abschnitt 4.5.4).

4.5 Technologie zur Herstellung strukturierter Sensorchips

Für die Herstellung von Einelementsensoren mit einer strukturierten empfindlichen Fläche wurde die am Institut für Festkörperelektronik verwendete Chiptechnologie zur Herstellung von Standard-Einelementsensoren zugrundegelegt [39, 80].

4.5.1 Chiplayout

Für die Chips wurde ein sogenanntes Omega- oder Zungenlayout gewählt, wahlweise mit und ohne Isolationsgraben. Die Chiplayouts sind in Abb. 4.31 dargestellt. Das Einbringen eines Isolationsgrabens um die empfindliche Fläche herum dient zur Verringerung der lateralen Wärmeleitung.

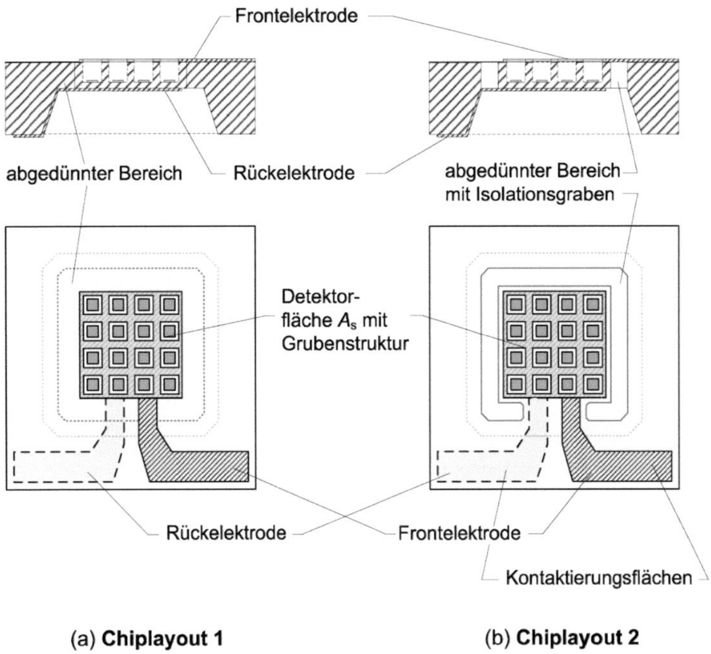

Abb. 4.31: Layout der strukturierten Sensorelemente (a) ohne und (b) mit Isolationsgraben.

4.5.2 Technologischer Gesamtablauf

Als Ausgangsmaterial für die Herstellung pyroelektrischer Einelementsensoren wird einkristallines $LiTaO_3$ (Distributor: Roditi, London) in Form von Scheiben mit einem Durchmesser von 2,5“ und einer Dicke von 500 µm verwendet. Die Scheiben sind einseitig poliert und auf der zweiten Seite geläppt. Die gezüchteten Kristalle werden für pyroelektrische Anwendungen derart in Scheiben gesägt, dass der Schnitt senkrecht zur polaren Achse des Kristalls verläuft. Die im Folgenden beschriebene Technologie ist auf eine Laborfertigung ausgerichtet, bei der eine hohe Flexibilität des Fertigungsprozesses möglich ist. Abb. 4.33 zeigt schematisch den Gesamttechnologieablauf.

a) Vorbereitung der Wafer

Die $LiTaO_3$-Scheiben werden vor der Einspeisung in den Technologieprozess mittels einer Wafersäge in vier quadratische Einzelwafer ($(22 \times 22 \times 0{,}5)\,\mathrm{mm}^3$) zersägt. Danach erfolgt eine Reinigung der $LiTaO_3$-Wafer in Chromschwefelsäure für mindestens 24 h. Für einen Fertigungsdurchgang werden jeweils drei Einzelwafer in einem Verbund bearbeitet. Dazu werden die Wafer auf einzelne Bearbeitungsronden aufgekittet. Dies erfolgt mit einem speziellen Optikkitt bei 130 °C.

b) Herstellung der Frontelektroden

Nach dem Aufkitten und einem Reinigungsschritt folgt die fotolithografische Strukturierung des Frontelektrodensystems auf der polierten Waferseite (Abb. 4.33a). Dafür wird die Lift-off-Technik verwendet. Als Maskierung dient ein Positivresist AZ 1514H (Microchemicals) mit einer Schichtdicke von 2 µm, der auf die Wafer aufgeschleudert und fotolithografisch strukturiert wird. In einem nachfolgenden Bedampfungsschritt im Hochvakuum werden ganzflächig 7 nm $Ni_{80}Cr_{20}$ für die Frontelektrode aufgedampft. Für die Lift-off-Technik sind steile Lackkanten entscheidend, damit sich daran kein Bedampfungsmaterial ansetzen kann und dem Lösungsmittel genug Ansatzfläche zum Entfernen des Resists (Strippen) geboten wird. In einem identischen Prozessschritt erfolgt die Realisierung der Frontelektrodenverstärkung, die aus 10 nm $Ni_{80}Cr_{20}$ und 40 nm Au besteht und außerhalb der empfindlichen Fläche auf die Zuführungs- und Kontaktierungsfläche der Frontelektrode aufgebracht wird.

c) Herstellung der Grubenstrukturen

Im nächsten Schritt erfolgt die Realisierung der Grubenstrukturen im Bereich der Frontelektrodenfläche (Abb. 4.33b). Die Strukturierung der aufgeschleuderten Lackmaske geschieht fotolithografisch, so dass eine ca. 7 µm dicke Lackmaske für das Ionenstrahlätzen der Grubenstrukturen zur Verfügung steht. Die Herstellung und Optimierung dieses Prozessschrittes wird in Abschnitt 4.5.4 näher untersucht und diskutiert.

d) Herstellung der Absorptionsschicht

Anschließend erfolgt die Lithographie der Resistmaske zum Einbringen einer Absorptionsschicht in die Gruben und deren Abscheidung (siehe Abb. 4.40). Dieser Prozessschritt wird ausführlich in Abschnitt 4.5.5 erläutert.

e) Einbringen des Isolationsgrabens

Für die Sensorlayoutvariante 2 aus Abb. 4.31 schließt sich nun das Einbringen des thermischen Isolationsgrabens an. Dies erfolgt mittels Ionenstrahlätzens (Abb. 4.33c). Die Grabentiefe sollte mindestens der Sensorelementdicke entsprechen. Für die notwendige Lackmaske wird daher der Resist AZ 4562 (Microchemicals) verwendet, mit dem sich dickere Schichten realisieren lassen.

f) Abdünnen der Chips

Um die Chips später zu vereinzeln, werden die Wafer nach dem Ablösen von den Metallronden auf eine Sägefolie gebracht und entsprechend dem vorgegebenen Chipraster ca. 80 µm tief eingesägt (Raster $(3 \times 3)\,\mathrm{mm}^2$). Die Frontseite ist nun fertig prozessiert und die Wafer können mit der Frontseite nach unten auf Präzisionsedelstahlronden aufgekittet werden.

Anschließend erfolgt der ganzfläche Abtrag der Rückseite im Verband von drei Wafern (Abb. 4.33d). Beginnend bei einer Ausgangsdicke von 500 µm werden die Wafer durch mechanisches Läppen mit Siliziumkarbid auf eine Dicke von ca. 40 µm abgedünnt. Gleichzeitig erfolgt dabei die Vereinzelung der Chips. In einem nächsten Schritt wird die Waferdicke mit einer mechanischen Politur mittels Diamantpaste auf 30 µm reduziert. Abschließend erfolgt ein schonendes CMP-Verfahren bis zu einer Schichtdicke von 20 µm. Zur Kontrolle des Materialabtrages wird die Schichtdicke sowie deren Verteilung regelmäßig mittels eines Feinzeigermessgerätes und eines Lichtschnittmikroskopes gemessen.

Die angestrebte Chipenddicke im Bereich der empfindlichen Fläche beträgt 6 µm. Für die lokale Dickenreduzierung wird das Ionenstrahlätzen eingesetzt

(Abb. 4.33e). Die Lackmaske aus AZ 4562 für die sogenannte Schüsselätzung sollte mindestens 20 µm betragen, da die Selektivität zwischen Lack und $LiTaO_3$ nahezu Eins ist. In diesem Prozessschritt sind flache Lackkanten erwünscht, damit sich im anschließenden Bedampfungsprozess die Rückelektrode und die Rückelektrodenverstärkung zuverlässig und durchgängig über die Ätzkanten abscheiden lassen [45].

g) Herstellung der Rückelektroden

Der Fertigungsprozess des Rückelektrodensystems erfolgt analog zur Frontseite. Die Dicke der Rückelektrode beträgt jedoch 25 nm.

Zur Gewährleistung der Haftung aller Lack- und Bedampfungsschichten ist während des gesamten Fertigungsprozesses äußerste Reinheit erforderlich. Die Reinigungs- und Spülschritte erfolgen mit organischen Lösungsmitteln, wie Aceton, Ethanol oder Isopropanol sowie deionisiertem Wasser.

Die fertigen Einelementchips werden in einem Acetonbad für mindestens 24 h von den Bearbeitungsronden abgelöst und danach einzeln aus dem Acetonbad auf Papierschiffchen sortiert.

Die durch den Ionenbeschuss beim Ionenstrahlätzen verursachten Strahlenschäden werden während einer thermischen Nachbehandlung bei 190 °C für 24 h ausgeheilt.

4.5.3 Maskenentwurf

Auf Grundlage der Simulationsergebnisse aus Abschnitt 4.3 wurde eine Belichtungs-Schablone entworfen. Diese setzt sich aus insgesamt neun Waferfeldern zur Erzeugung der Standardtechnologieschritte, wie in Abschnitt 4.5.2 beschrieben, und verschiedenen Strukturweiten für die in die empfindliche Fläche einzubringenden Gruben zusammen (siehe Abb. 4.32 und Tab. 4.7).

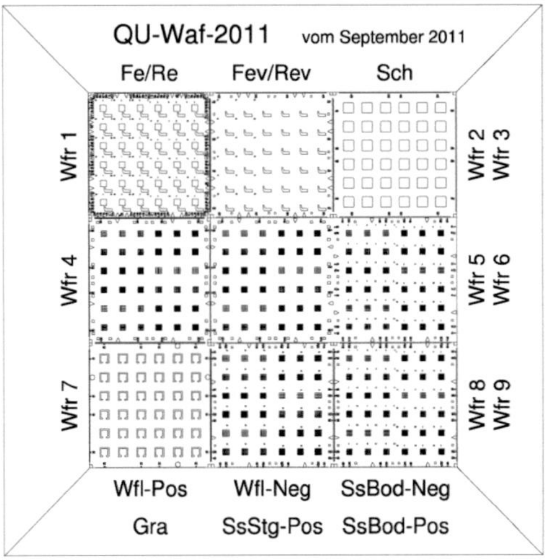

Abb. 4.32: Strukturierungsebenen auf der Schablone für Einelementchips mit strukturierten empfindlichen Flächen.

Tab. 4.7: Schablonensatz zur Herstellung von Einelementchips mit strukturierten empfindlichen Flächen (Strukturierungsebenen).

Chipseite	Bezeichung	Technologieschritt
Frontseite	FE	Abscheiden der Frontelektrode
	FEV	Abscheiden der Frontelektrodenverstärkung
	Wfl	Einbringen der Grubenstrukturen
	SsBod	Abscheiden einer Absorptionsschicht in die Gruben
	SsStg	Abscheiden einer Absorptionsschicht auf die Stege
	Gra	Einbringen des thermischen Isolationsgrabens
Rückseite	Sch	Abdünnen des Elementes / Einbringen der Schüssel
	RE	Abscheiden der Rückelektrode
	REV	Abscheiden der Rückelektrodenverstärkung

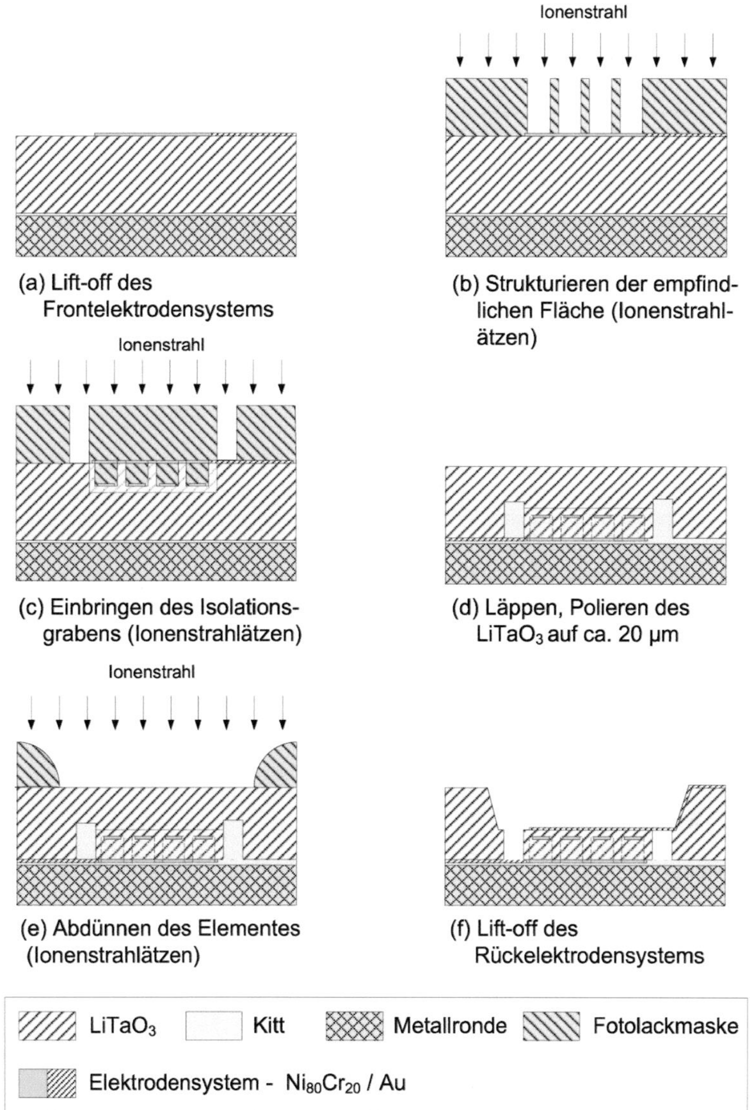

Abb. 4.33: Gesamttechnologieablauf zur Herstellung von Einelementchips mit einer dreidimensional-strukturierten Frontelektrode.

4.5.4 Herstellung der Grubenstrukturen

In Abschnitt 4.3.5 wurde gezeigt, dass die Grubenstrukturen zur Steigerung der Temperaturamplitude idealerweise quaderförmig sein sollten. Für die technologische Umsetzbarkeit sehr steiler Grubenkanten mit einem Flankenwinkel nahe 90 ° müssen daher die optimalen Prozessparameter gefunden werden.

Die Herstellung der Grubenstruktur setzt sich im Wesentlichen aus der Fotolithografie der Lackmaske und dem Übertragen der Struktur in das Substrat mittels Ionenstrahlätzen zusammen. Da das Ätzprofil in entscheidendem Maße von der Qualität der Lackmaskenstruktur abhängt, sollen im Folgenden die Einflussparameter zur Erzeugung steiler Lackkanten untersucht werden.

a) Lackbeschichtung

Der Lackauftrag erfolgt mittels Schleuderbeschichtung (Spin-Coating). Dabei muss die Lackmaske neben den allgemeinen Anforderungen, wie einer guten Haftfestigkeit, einer hohen Homogenität und einem geringen Randwall, auch den erforderlichen Dickenanspruch erfüllen. Durch das Zentrifugieren des Resists über das Substrat wird die Schichtdicke durch die Parameter Drehzahl und Zeit eingestellt. Die zu ätzenden Gruben sollen eine Ätztiefe $d_{\text{Ä}}$ von ca. 4 µm besitzen. Aufgrund der geringen Selektivität zwischen Resist und $LiTaO_3$ beim Ionenstrahlätzen wird eine Resistschichtdicke von mindestens 7 µm benötigt. Es wird der Resist AZ 4562 (Microchemicals) verwendet. Abb. 4.34 zeigt die

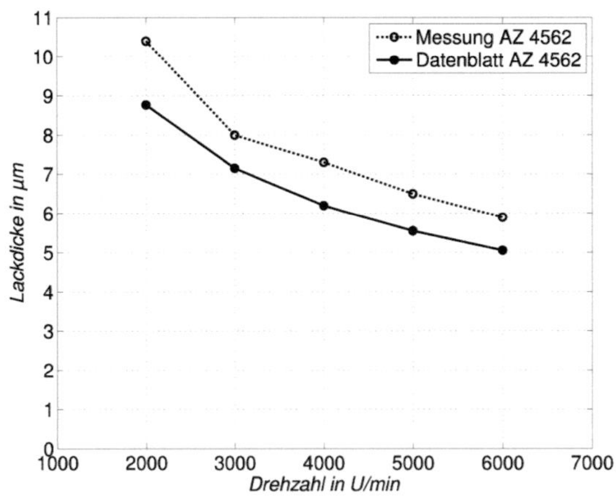

Abb. 4.34: Lackdicke d_L in Abhängigkeit von der Schleuderdrehzahl n.

Abhängigkeit der Lackdicke von der Aufschleuderdrehzahl [81]. Die Schichtdicke wurde an strukturierten Resistschichten mit einem Oberflächenprofilometer (Dektak^3 ST, Veeco Instruments) gemessen. Bei hochviskosen Lacken tritt das Problem auf, dass mit fortschreitender Standzeit des Lackes Lösungsmittel verdampft und dies zu einer zunehmenden Verdickung führt. Um eine bestimmte Lackdicke zuverlässig zu erreichen, ist stets die Dickenabhängigkeit des Lackes von der Schleuderdrehzahl zu überprüfen.

Ein zu hoher Randwall wirkt sich negativ bei der Kontaktbelichtung aus und führt zu Verrundungen der Lackkanten. Durch eine höhere Schleuderdrehzahl für ein paar Sekunden nach dem Hauptschleudern lässt sich der Randwall um bis zu 50 % verringern [82]. Für die Arbeit lassen sich mit einer Schleuderdrehzahl von 4000 U/min für 30 s und anschließenden 5000 U/min für 10 s optimale Schichten erzielen. Nach der Beschichtung wird der Lack bei 70 °C getempert.

b) Belichten und Entwickeln

Zur Übertragung der Schabloneninformation in die Lackschicht wurde eine Justier- und Belichtungseinrichtung (JuB 76G, VEB ZFTM Dresden) mit einer Quecksilber-Höchstdrucklampe, die in einem Wellenlängenbereich von (200…600) nm emittiert, verwendet. Die einwirkende Bestrahlungsenergie wird durch die Anlage geregelt und konstant gehalten, so dass das Belichten allein von der Zeit abhängt.

Um die optimale Belichtungszeit t_{B} zum einen für eine vollständige Lackentwicklung und zum anderen für möglichst steile Lackkanten zu ermitteln, wurde die Belichtungszeit von 10 s bis 80 s variiert. Anschließend wurde der Flankenwinkel φ der übertragenen Struktur im Lack mit einem Konfokalmikroskop (µSurf, NanoFocus AG) vermessen. Dieser ergibt sich aus der Lackdicke d_{L} und der Lackkantenbreite b (Abb. 4.36):

$$\varphi = \arctan\frac{d_{\mathrm{L}}}{b}. \tag{4.39}$$

Bei der konfokalen Messung werden die Proben Punkt für Punkt mit einem Lichtfleck abgerastert und die Intensitäten des reflektierten oder emittierten Lichtes erfasst, so dass sich daraus ein dreidimensionales Bild konstruieren lässt. Als Lichtquelle dient eine Hochleistungs-LED ($\lambda = 505$ nm). Mit verschiedenen Objektiven lassen sich Auflösungen in z-Richtung von bis zu 20 nm erreichen [83].

Abb. 4.35 zeigt den Zusammenhang zwischen dem Flankenwinkel der Lackkanten φ und der Belichtungszeit t_{B} für zwei verschiedene Strukturbreiten a. Für $t_{\mathrm{B}} < 15$ s reicht die Belichtungsenergie für eine vollständige chemische

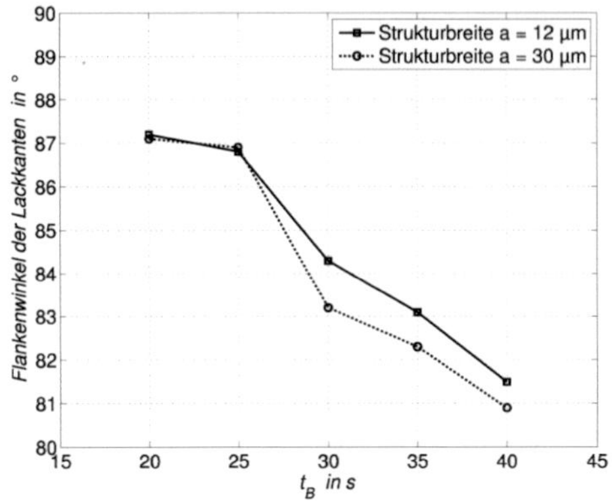

Abb. 4.35: Abhängigkeit des Flankenwinkels der Lackkanten von AZ 4562 von der Belichtungszeit t_{B} bei einer Lackdicke $d_{\mathrm{L}} = 7{,}5\,\mu\mathrm{m}$ und einer Entwicklungszeit von $t_{\mathrm{Entw}} = 120\,\mathrm{s}$ für verschiedene Strukturbreiten a.

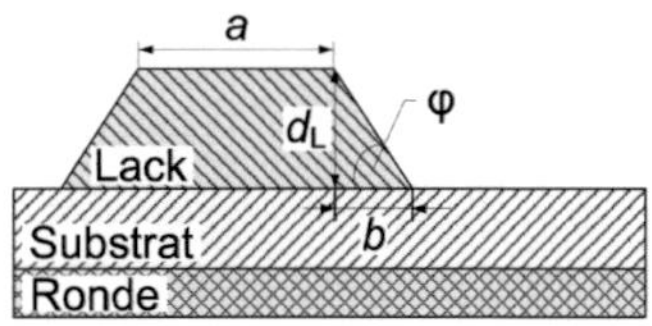

Abb. 4.36: Definition des Flankenwinkels φ durch Lackdicke d_{L} und Lackkantenbreite b.

Umwandlung des Resists in den belichteten Bereichen nicht aus, um den Lack nach dem Entwickeln komplett zu entfernen. Mit zunehmender Belichtungszeit nimmt der Flankenwinkel ab. Für steile Lackkanten bei einer Lackdicke von $d_{\mathrm{L}} = 7{,}5\,\mu\mathrm{m}$ ist eine Belichtungszeit von 20 s bis 25 s für beide Strukturbreiten optimal. Die optimale Belichtungszeit hängt auch von der zu übertragenden Struktur ab.

Die selektiv belichteten Teile der Lackschicht werden beim Entwickeln gelöst und vom Substrat entfernt. In der Arbeit geschieht dies durch Tauchentwicklung mit anschließender Spülung und Temperung. Als Entwickler wird der mit deionisiertem Wasser verdünnte AZ 351B genutzt. Die kritischen Parameter sind dabei die Entwicklerkonzentration und die Entwicklungszeit. Untersuchungen an Teststrukturen ergaben optimale Ergebnisse bei einer Konzentration von 1:3,5 bei einer Entwicklungszeit t_{Entw} von 90 s [82].

c) Ionenstrahlätzen

Das Ionenstrahlätzen wird zur Übertragung der fotolithografisch erzeugten Lackstruktur in das $LiTaO_3$ genutzt. Dafür stand eine kommerzielle Ionenstrahlätzanlage (Microetch 301A, Veeco Instruments) mit einer 5" -Ionenquelle zur Verfügung. Wesentliche anlagentechnische Details sind in [45] beschrieben. Wichtige Parameter beim Ätzprozess sind die Ätzrate $R_{\mathrm{Ä}}$, der Ionenbeschusswinkel θ und die Selektivität S. Die Ätzrate hängt von den Parametern Ionenenergie, -stromdichte und -art sowie dem Beschusswinkel, der Substrattemperatur und dem Restgasdruck ab [84]. Für die Ätzrate gilt:

$$R_{\text{Ä}} = \frac{d_{\text{Ä}}}{t_{\text{Ä}}}, \tag{4.40}$$

mit der Ätztiefe $d_{\text{Ä}}$ und der Ätzzeit $t_{\text{Ä}}$. Die Selektivität ergibt sich zu

$$S = \frac{R_{\text{Ä Substrat}}}{R_{\text{Ä Lack}}}. \tag{4.41}$$

Für verschiedene Teststrukturen wurden alle genannten Parameter konstant gehalten und nur der Ionenbeschusswinkel verändert. An den Teststrukturen wurde die Ätzrate und die Selektivität von $LiTaO_3$ und dem Fotolack AZ 4562 bestimmt und der Flankenwinkel $\varphi_{\text{Ä}}$ der Gruben im Substrat für verschiedene Ionenbeschusswinkel konfokal gemessen (Abb. 4.37) [82]. Für $LiTaO_3$ ergibt sich die höchste Ätzrate bei einem Einfallswinkel der Ionen von 40 °, bei dem Fotolack AZ 4562 liegt das Maximum zwischen 10 ° und 20 °. Nach Gl. (4.41) liegt das Maximum der Selektivität bei 15 °. Die Ergebnisse bestätigen frühere Untersuchungen [45, 85].

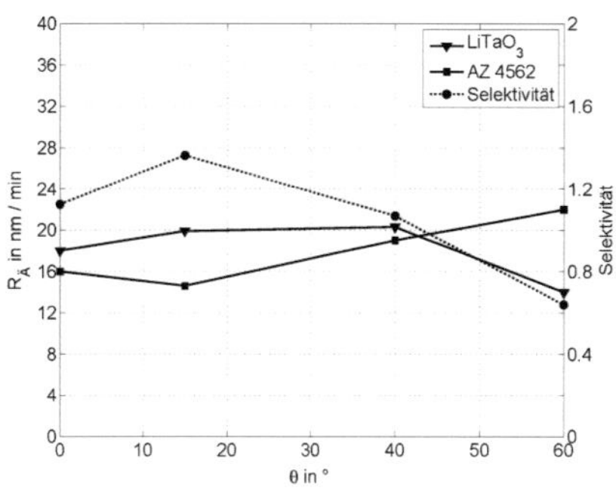

Abb. 4.37: Ätzrate $R_{\text{Ä}}$ von $LiTaO_3$ und AZ 4562 sowie die sich daraus ergebende Selektivität in Abhängigkeit vom Ionenbeschusswinkel θ.

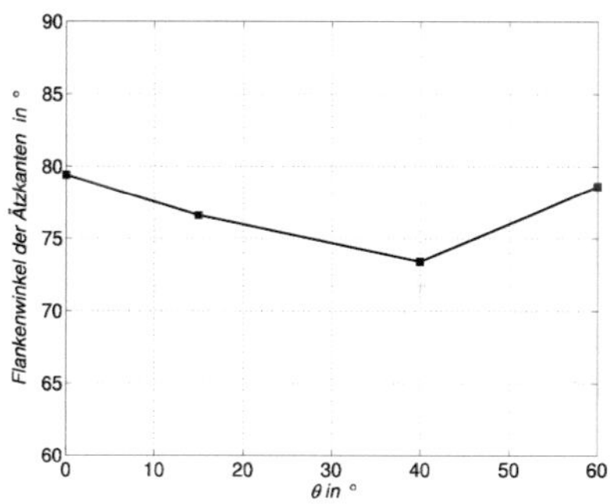

Abb. 4.38: Flankenwinkel $\varphi_{\text{Ä}}$ der Gruben im $LiTaO_3$ in Abhängigkeit vom Ionenbeschusswinkel θ. Strukturbreite $a = 30\,\mu\text{m}$.

Der Flankenwinkel $\varphi_{\text{Ä}}$ der Testätzkanten wurde mittels konfokaler Aufnahmen bestimmt. Die Abhängigkeit des Flankenwinkels der Ätzkanten vom Ionenbeschusswinkel ist in Abb. 4.38 dargestellt. Es wurde eine Teststruktur mit einer Breite $a = 30\,\mu m$ untersucht. Für einen Ionenbeschusswinkel von $0\,°$ wurden die steilsten Grubenkanten erzielt und für $\theta = 60\,°$ geringfügig weniger. Allerdings schließt sich bei hohen Ioneneinfallswinkeln, beginnend bei ca. $40\,°$, im unteren Teil der Ätzkante bis zum Grubenboden ein flacheres Stück an. Dieses mit wachsendem Beschusswinkel dominierende Verhalten entsteht durch Abschattungseffekte der Lackmaske während des Ätzens. Wird der Einfallswinkel erhöht, treffen im zeitlichen Mittel mehr Ionen ins Zentrum des Maskenfensters als in die Randbereiche, wodurch sich eine örtliche Abhängigkeit der Ätzrate ergibt [45]. Daher wurde für die Ätzung der Grubenstrukturen ein Ionenbeschusswinkel von $0\,°$ gewählt. Abb. 4.39 zeigt einige konfokale Aufnahmen der geätzten Grubenstrukturen.

Für die hergestellten Proben konnte ein Flankenwinkel $\varphi_{\text{Ä}}$ der Ätzgruben zwischen $72\,°$ und $77\,°$ gemessen werden. Dabei ließ sich kein Zusammenhang zwischen dem Flankenwinkel und der Strukturweite feststellen. Die Abweichungen sind auf Prozessschwankungen zurückzuführen.

4.5.5 Herstellung einer Absorptionsschicht

Nach Abschnitt 4.3.6 darf eine Absorptionsschicht, die in die Ätzgruben eingebracht wird, aufgrund der zusätzlichen Wärmekapazität nicht zu dick sein und sollte sich gut in die Grubenstruktur abscheiden lassen.

a) Silberschwarzschicht

Gemäß Abschnitt 4.3 lieferte die Ag-Schwarzschicht die besten Simulationsergebnisse. Eine derartige Metallschicht wird durch Verdampfen in einer Restgasatmosphäre hergestellt [17]. Übliche Schichtdicken liegen in der Größenordnung von $d_{\text{abs}} > 5\,\mu m$ und somit in der Größenordnung der Ätztiefe. Da die Schicht nach dem Aufdampfen nicht wischfest und somit eine mechanische und naßchemische Weiterbearbeitung nicht möglich ist, wird diese Absorptionsschicht erst im letzten Prozessschritt aufgebracht. Dies erfolgt mittels einer Metallwechselmaske. Allerdings reicht die Positioniergenauigkeit solcher Masken nicht aus, um diese Schicht zuverlässig auf der Grubenstruktur abzuscheiden. Durch den nicht vermeidbaren Absprung kommt es zu einer Unterdampfung der Masken und somit zu Kurzschlüssen zwischen den aktiven und den passiven Bereichen. Aufgrund des beschriebenen Herstellungsprozesses wäre eine Bearbeitung im Waferverband nicht möglich und jeder Sensorchip müsste einzeln bedampft werden, was einen enormen Zeitaufwand bedeutet. Aus diesen Gründen wurde die Verwendung dieser Absorptionsschicht verworfen.

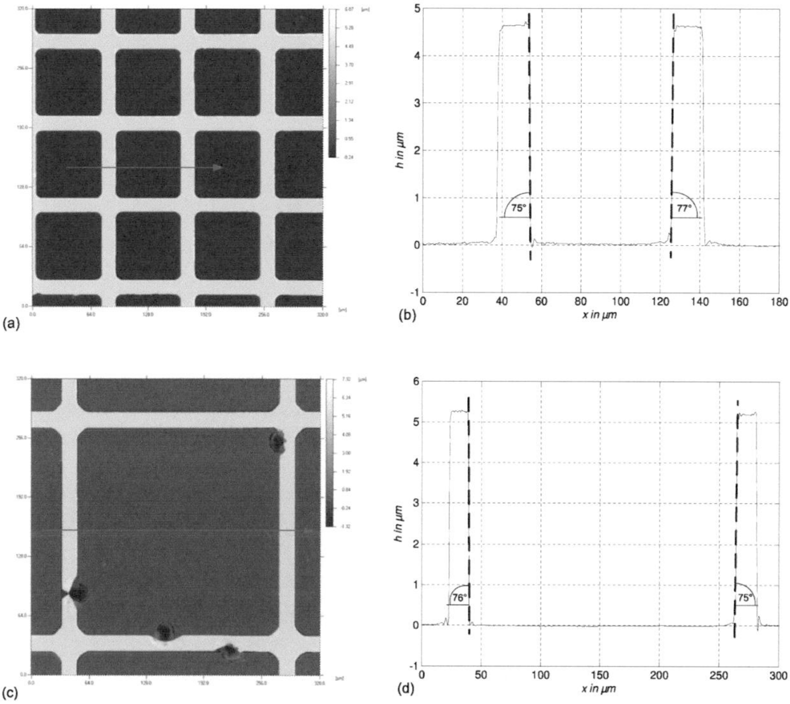

Abb. 4.39: Konfokale Aufnahmen: (a), (c) Draufsicht von Grubenätzstrukturen aus Proben P2 bzw. P4 (siehe Tab. 4.4), (b), (d) Scan-Profile mit Höhe h aus den konfokalen Aufnahmen aus (a) und (c) zur Bestimmung der Ätzkantenwinkel $\varphi_{\text{Ä}}$. Die schwarzen Punkte in (c) sind Einschüsse, die durch das Ionenstrahlätzen verursacht wurden.

b) Ruß-Novolak-Absorptionsschicht

Die Ruß-Novolak-Schicht wird aus einer Suspension aus einem Novolak-Resist, der mit Rußpartikeln gefüllt ist, hergestellt [76]. Diese Schicht kann mittels Schleuderbeschichtung ganzflächig aufgebracht und anschließend fotolithografisch strukturiert werden. Die Strukturierbarkeit hängt sehr stark von der Schichtdicke und dem Füllstoffgehalt ab. Da das Einbringen einer definierten Schichtdicke in die Gruben mit der beschriebenen Technologie nicht möglich ist, wurde auch dieses Absorptionsmaterial nicht verwendet.

c) NiCr-Absorptionsschicht

Die nanostrukturierte NiCr-Absorptionsschicht aus [11] besitzt im Vergleich zu den anderen Absorptionsschichten eine sehr hohe volumenspezifische Wärmekapazität (siehe Tab. 4.3). Aufgrund der sehr geringen Schichtdicke liegt die Wärmekapazität der NiCr-Schicht jedoch in der Größenordnung der Ag-Schwarzschicht, so dass sich mit dieser vergleichbare Resultate erzielen lassen. Die NiCr-Schicht lässt sich aber problemlos in den Gruben mit einer definierten Schichtdicke abscheiden. Gegenwärtig stellt das Strippen der Resistmaske aus den Gruben noch ein großes Problem dar. Da die Haftung dieser Schichten mit dem Substrat teilweise sehr gering ist, können verbliebene Lackreste in den Gruben nicht mit Ultraschall herausgelöst werden, da es partiell zur Ablösung der Schicht kommen kann.

d) $Ni_{80}Cr_{20}$-Metalldünnschicht

Zur Erhöhung des Absorptionsgrades wurden schließlich Metalldünnschichten aus $Ni_{80}Cr_{20}$ in die passiven Bereiche abgeschieden. Diese werden mittels der Lift-off-Technik, identisch zu den aufgedampften Elektroden, mit unterschiedlichen Schichtdicken (2 nm, 4 nm, 7 nm) aufgebracht (Abb. 4.40).

Die optischen Eigenschaften ultradünner, freitragender Metallschichten im Vakuum werden vollständig durch ihren Flächenwiderstand, d.h. durch ihre elektrische Leitfähigkeit und die Schichtdicke sowie die Vakuumimpedanz bestimmt. Diese Metallschichten besitzen im Vakuum einen maximalen Absorptionsgrad von 50 %. Werden sie auf ein Substrat aufgebracht, bestimmen die dielektrischen Eigenschaften des Substrates die optischen Eigenschaften des Schichtsystems [86]. Das Schichtsystem aus 7 nm $Ni_{80}Cr_{20}$FE-$LiTaO_3$-25 nm $Ni_{80}Cr_{20}$RE ist

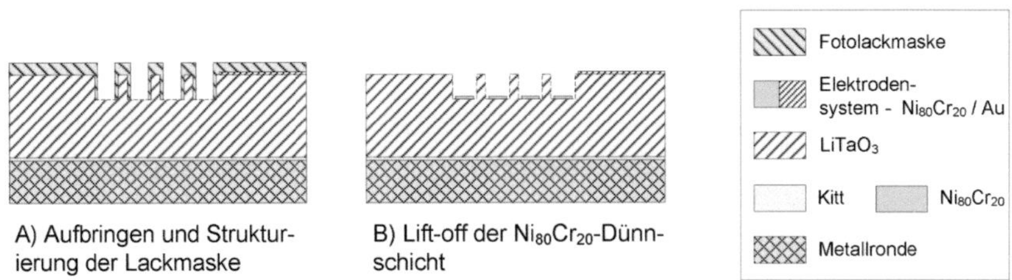

Abb. 4.40: Technologie zum Einbringen einer Absorptionsschicht in die Grubenstruktur.

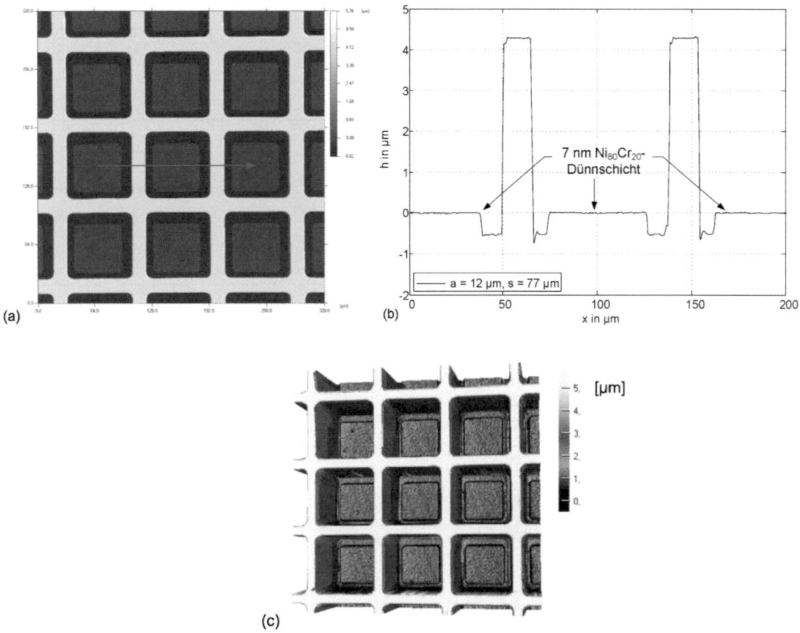

Abb. 4.41: Konfokale Aufnahmen: (a) Mikroskopaufnahme der Ätzstrukturen aus Probe P2 (siehe Tab. 4.4) mit einer 7 nm dicken $Ni_{80}Cr_{20}$-Dünnschicht in den Ätzgruben, (b) Profilaufnahme entlang des Pfeils in (a), (c) 3D-Darstellung der gescannten Struktur.

bezüglich der elektrischen Eigenschaften für den Einsatz als Elektroden und optisch für den Einsatz als Breitbandabsorber im infraroten Wellenlängenbereich optimiert.

In der vorliegenden Arbeit sollte der Einsatz dieser Metalldünnschichten hinsichtlich ihrer optischen Eigenschaften untersucht werden. Daher wurden unterschiedliche Dicken dieser Metalldünnschicht in den Ätzgruben untersucht. Bei der Herstellung der Schicht ist die Positionierung der Schablone zur Grubenstruktur kritisch. Sie muss mit hoher Präzision erfolgen, um Kurzschlüsse zwischen den passiven und aktiven Gebieten zu vermeiden.

Abb. 4.41 zeigt die konfokalen Aufnahmen einer Probe, bei der eine 7 nm dicke $Ni_{80}Cr_{20}$-Dünnschicht zur Erhöhung der Absorption in die Ätzgruben gedampft wurde.

4.6 Messtechnische Untersuchungen

Für die Messung der Sensorkenngrößen der hergestellten Sensoren mit einer strukturierten empfindlichen Fläche wurde der im nächsten Abschnitt 4.6.1 beschriebene und in den Abb. 4.44 und 4.45 dargestellte Aufbau verwendet. Durch die austauschbare Ronde können alle Sensorchips mit der gleichen Vorverstärkerschaltung betrieben werden, so dass ein direkter Vergleich der Chipeigenschaften möglich ist und das Rauschen des Vorverstärkers immer gleich ist. Die mit der in Abschnitt 4.5 beschriebenen Technologie hergestellten Chips besitzen nach Abb. 4.31 entweder das Sensorlayout 1 oder 2 und haben entweder eine konstante oder eine unterschiedlich dicke $Ni_{80}Cr_{20}$-Dünnschicht als Absorber in den Gruben. Im Folgenden wird der Einfluss der Geometrieparameter und einer Absorptionsschicht untersucht. Dabei werden vor allem die schwarze Empfindlichkeit und das Rauschen messtechnisch erfasst und die Ergebnisse mit den Simulationswerten verglichen und diskutiert.

4.6.1 Sensoraufbau

Im Folgenden wird der Sensoraufbau vom fertig prozessierten Chip bis hin zum Einbau in das Sensorgehäuse beschrieben.

Die einfallende Strahlung gelangt durch das IR-Fenster auf den Chip. Im Gehäuse herrscht Luftdruck und es ist mit Luft gefüllt.

Die fertigen Sensorchips werden auf Ronden aus Plexiglas mit einem Durchmesser von 15 mm befestigt (Abb. 4.42). Auf die Ronden sind Elektroden aus 20 nm $Ni_{80}Cr_{20}$ und als Verstärkung eine 80 nm dicke Au-Schicht aufgedampft. Mittig ist eine Bohrung für die thermische Entkopplung des Sensorchips angeordnet. Die Sensorelemente werden auf der Ronde mit der empfindlichen Fläche über der Bohrung zentriert und mit RTV-1k Siliconkautschuk® an zwei Ecken fixiert. Die Rück- und die Frontelektrode werden mit Silberleitkleber (EPO-TEK® EE129-4, EPOXY Technology), der einen Übergangswiderstand von $< 1\,\Omega$ besitzt, und zusätzlich mit einem Au-Draht kontaktiert (Abb. 4.42). Anschließend erfolgt der Einbau der Ronde mit dem Sensorchip in das Sensorgehäuse (Abb. 4.43).

Im Sensorgehäuse befindet sich auch der Vorverstärker (SFET in Drainschaltung), um alle zu untersuchenden Sensorchips mit ein und derselben Elektronik anzusteuern [7]. In Abb. 4.44 und 4.45 ist der schematische Aufbau des Sensorgehäuses mit der integrierten Vorverstärkerschaltung dargestellt.

Abb. 4.42: Ronde aus Plexiglas mit kontaktiertem Einelementchip.

Abb. 4.43: Sensoraufnahme: (a) Gehäuse mit eingelassenem IR-Fenster, (b) Innenaufbau mit aufgeschraubter Ronde mit Sensorchip und darunter dem integrierten Vorverstärker.

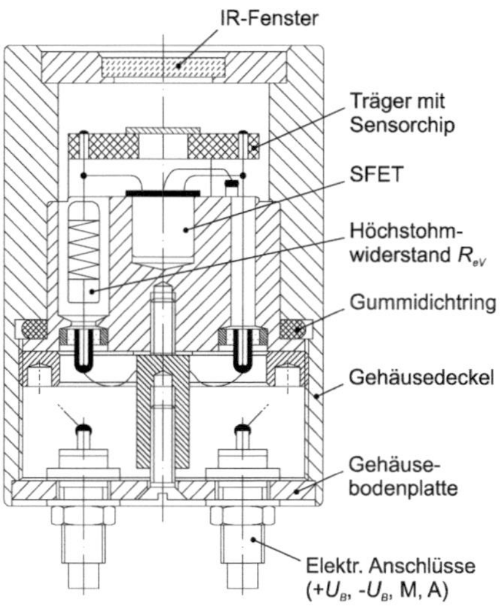

Abb. 4.44: Gesamtkonstruktion der Sensoraufnahme zur messtechnischen Untersuchung der Sensoreigenschaften [11].

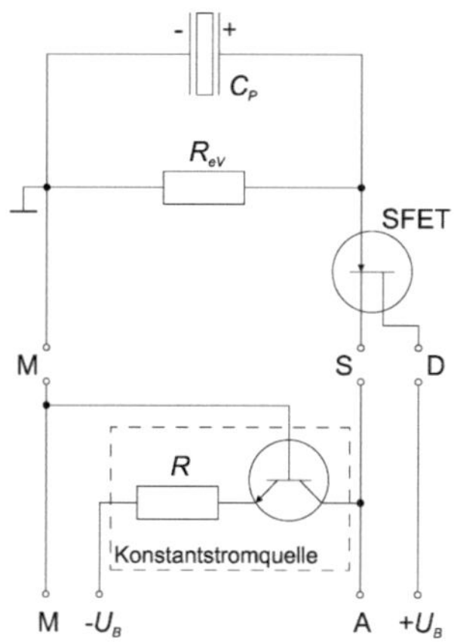

Abb. 4.45: Verwendete innere und äußere Beschaltung der Einelementsensoren. Dabei sind D der Drain-, S der Source- und M der Masseanschluss, A der Sensorausgang und U_{B} die Betriebsspannung [11].

4.6.2 Schwarze Empfindlichkeit

Für die Messung der schwarzen Empfindlichkeit S_v wurde der Sensoraufbau ohne Gehäusedeckel (siehe Abb. 4.43b und 4.44) in eine spezielle Vakuumkammer gebracht, um den Sensor auch im Vakuum messen zu können. Als Strahlungsquelle diente ein schwarzer Strahler (CS 500, DIAS Infrared GmbH) mit einer Temperatur von 500 K. Der Strahlengang wird durch zwei Blenden begrenzt. Durch eine Chopperbaugruppe (MC1000A, Thorlabs) kann die einfallende Strahlung in einem Frequenzbereich von 1 Hz bis 1 kHz moduliert werden. Der Effektivwert der Sensorausgangsspannung wird mit einem DSP Lock-In Amplifier (Model 7265, EG&G Instruments) gemessen und mit dem Rechner ausgewertet. Als Stromversorgung des Sensors dient eine 9 V-Batterie, um eine konstante Gleichspannung zu erhalten und Netzstörungen zu vermeiden.

Für Messungen im Vakuum kann mittels einer zweistufigen Drehschieberpumpe (E2M-1.5, Edwards) in der den Sensor enthaltenen Vakuumkammer ein Vakuum mit einem Enddruck von weniger als 1 Pa erzeugt werden.

Um den Einfluss der Strukturierung beurteilen zu können, wurden zunächst unstrukturierte Einelementsensoren mit einer identisch großen empfindlichen Fläche messtechnisch untersucht. Nach Gl. (2.20) ist die Empfindlichkeit von der Sensorelementdicke unabhängig und weist ab einer Frequenz von etwa 10 Hz die aus dieser Gleichung resultierende $1/f$-Abhängigkeit auf (Abb. 4.46a). Der Abfall der Empfindlichkeit bei niedrigen Modulationsfrequenzen ist auf die thermischen Verluste über das umgebende Gas durch Wärmeleitung zurückzuführen. Eine ausführliche Diskussion über die thermischen Verhältnisse und die Abhängigkeit der geometrisch-konstruktiven Sensorparameter ist in [11] zu finden. Werden die Sensoren im Vakuum gemessen, so wird die Wärmeleitung über das Gas unterdrückt und die Empfindlichkeit bei niedrigen Frequenzen kann wesentlich erhöht werden (Abb. 4.46b).

Durch das Einbringen eines Isolationsgrabens ist es möglich, den Wärmeverlust durch laterale Wärmeleitung bei 1 Hz zu verringern und damit die Empfindlichkeit um ca. 30 % zu erhöhen (Abb. 4.47a). Noch deutlicher wird der Einfluss bei Messungen im Vakuum. Der Verlauf der Empfindlichkeit zeigt auch bei niedrigen Frequenzen einen $1/f$-Abfall (Abb. 4.47b). Das bedeutet, dass die Wärmeleitung über das Gas nahezu vollständig unterdrückt werden kann. Auch bei Sensoren ohne einen Isolationsgraben wird die Empfindlichkeit bei niedrigen Frequenzen dadurch ebenfalls erhöht.

Für den verwendeten Messplatz wurde eine Messunsicherheit von ca. 5 % ermittelt.

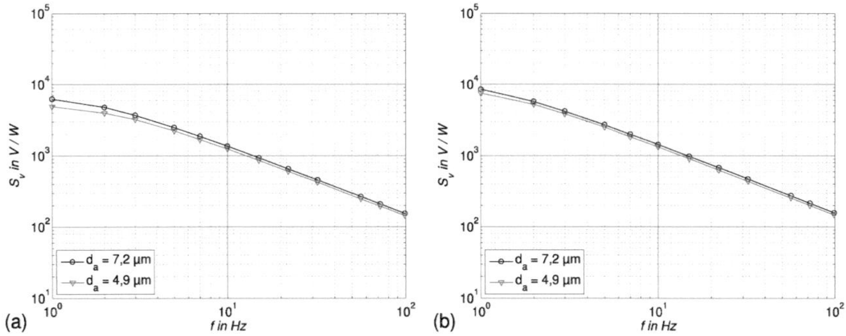

Abb. 4.46: Gemessene schwarze Empfindlichkeit S_{v} von unstrukturierten Sensoren (Standardsensoren - Layout 1 (Abb. 4.46a)) mit $A_{\mathrm{s}} = (1\mathrm{x}1)\,\mathrm{mm}^2$ und unterschiedlichen Sensorelementdicken d_{a} (a) in Luft und (b) in Vakuum.

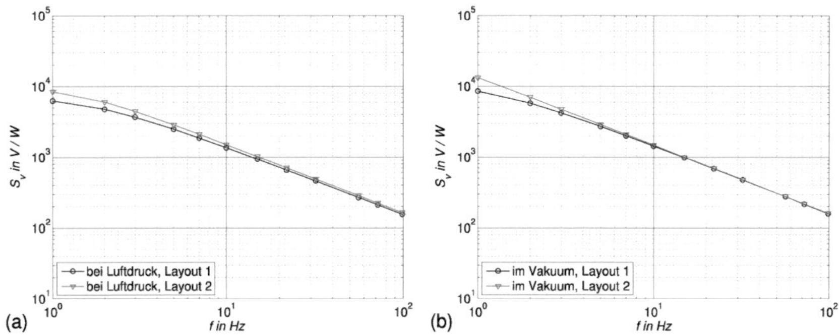

Abb. 4.47: Gemessene schwarze Empfindlichkeit S_{v} von unstrukturierten Sensoren mit $d_{\mathrm{a}} = 7{,}2\,\mu\mathrm{m}$ ohne (Layout 1) und mit (Layout 2, Abb. 4.46b) Isolationsgraben (a) in Luft und (b) in Vakuum.

a) Sensoren mit unterschiedlicher Strukturgröße

Im Folgenden soll der Einfluss der strukturierten empfindlichen Fläche auf die erzielbare schwarze Empfindlichkeit untersucht werden. In den Abb. 4.48a und 4.48b ist die absolute gemessene Empfindlichkeit der strukturierten Sensoren im Vergleich zu einem Sensor ohne strukturierte empfindliche Fläche dargestellt. Dabei befindet sich in allen Gruben eine 7 nm dicke $\mathrm{Ni_{80}Cr_{20}}$-Dünnschicht zur Erhöhung der Absorption. Die Messungen wurden in Luft und im Vakuum durchgeführt. Im mittleren Frequenzbereich von 5 Hz bis 400 Hz liegt die Empfindlichkeit der strukturierten Sensoren deutlich über der Empfindlichkeitskurve für einen Standardsensor mit einer gleich großen Sensorfläche. Der Grund dafür ist die in Abschnitt 4.3.1 beschriebene thermische Verstärkung durch den zusätzlichen Wärmestrom aus den passiven in die aktiven Bereiche.

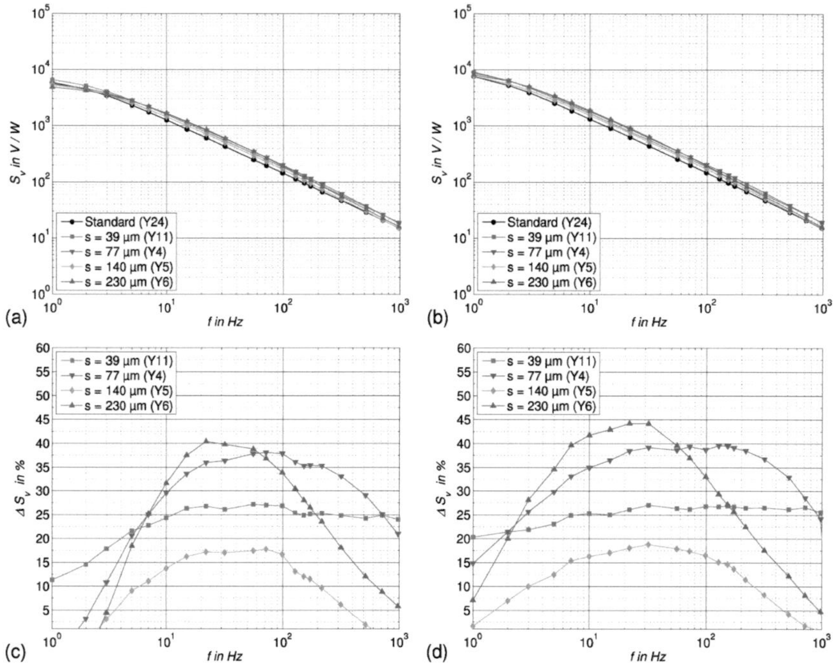

Abb. 4.48: Absolute und relative Steigerung der schwarzen Empfindlichkeit ΔS_v von strukturierten Sensoren ohne einen Isolationsgraben (Layout 1) mit unterschiedlichen Strukturweiten s (siehe Tab. 4.4): (a), (c) in Luft; (b), (d) in Vakuum.

Wird die relative Steigerung der Empfindlichkeit ΔS_v,

$$\Delta S_\mathrm{v} = \left(\frac{S_\mathrm{v\ str}}{S_\mathrm{v\ Standard}} - 1\right) \cdot 100\,\%, \tag{4.42}$$

also der Empfindlichkeitsgewinn gegenüber einem Standardsensor betrachtet, dann wird der positive Effekt der thermischen Verstärkung besonders deutlich. Dabei sind $S_\mathrm{v\ str}$ und $S_\mathrm{v\ Standard}$ die Empfindlichkeit von strukturierten Sensoren bzw. von unstrukturierten Standardsensoren (Abb. 4.48c,d). Im Frequenzbereich von 3 Hz bis 500 Hz wurde für alle Grubenweiten s eine Verbesserung ($\Delta S_\mathrm{v} > 0$)

gegenüber einem unstrukturierten Standardsensor gemessen. Der Gewinn liegt im Bereich (10...100) Hz für alle untersuchten Strukturen über 15 %, für die Strukturen mit $s = 77\,\mu m$ und $s = 230\,\mu m$ sogar bei bis zu 45 % (Abb. 4.48d). Bei den Messungen im Vakuum können die thermischen Wärmeleitungsverluste über das Gas verringert werden. Dadurch beträgt die Empfindlichkeitszunahme in Abhängigkeit von der Grubenweite s im mittleren Frequenzbereich von (10...100) Hz gegenüber Messungen in Luft teilweise bis zu 10 %. Für Frequenzen $< 10\,Hz$ ist es deutlich mehr (Abb. 4.48d). Für große Grubenweiten s sind die Verluste über das Gas größer als bei kleinen Grubenweiten, so dass bei diesen Sensoren die Steigerung am deutlichsten zu erkennen ist.

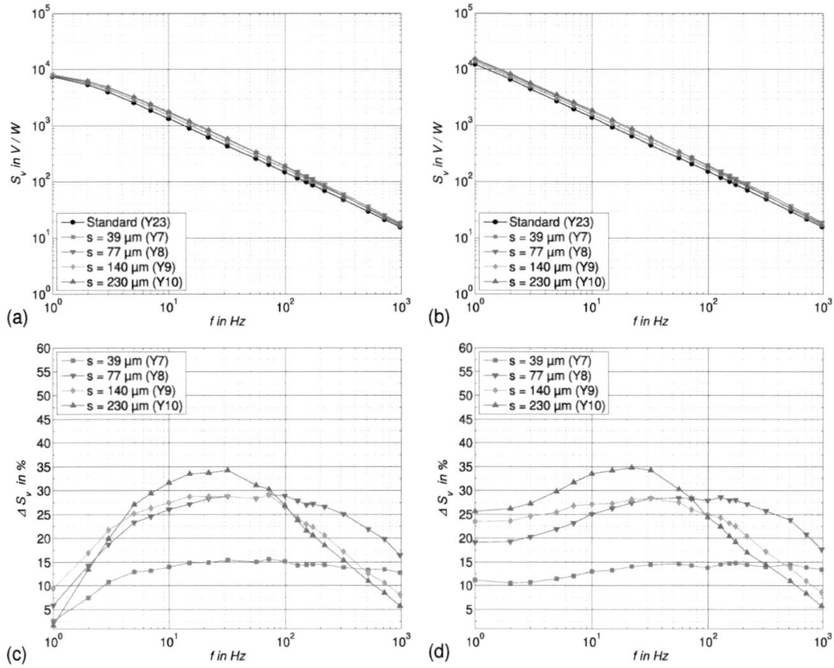

Abb. 4.49: Absolute und relative Steigerung der schwarzen Empfindlichkeit ΔS_v von strukturierten Sensoren mit einem Isolationsgraben (Layout 2) und unterschiedlichen Strukturweiten s: (a), (c) in Luft; (b), (d) in Vakuum.

Die Abb. 4.49a,b zeigen die absolute Empfindlichkeit von Sensoren mit einem Isolationsgraben und unterschiedlich großen Grubenweiten s in der empfindlichen Fläche im Vergleich zu einem Sensor mit dem gleichen Chiplayout nur ohne Strukturierung. Alle Sensoren wurden in Luft und im Vakuum gemessen. Auch hier liegen die Messwerte der Empfindlichkeit S_v deutlich über denen des unstrukturierten Standardsensors. Insgesamt konnte die Empfindlichkeit der Sensoren mit dem Chiplayout 2 gegenüber der der Sensoren mit Chiplayout 1 nicht signifikant gesteigert werden. Die Unterschiede können auf Fertigungstoleranzen und Messunsicherheiten bei der Empfindlichkeitsmessung zurückgeführt werden.

Tab. 4.8 zeigt eine Übersicht der untersuchten Sensoren mit ihren geometrischen Abmessungen sowie den simulierten und gemessenen Sensorkenngrößen. Außerdem ist das Volumenverhältnis der untersuchten strukturierten Sensoren zum unstrukturierten Sensor sowie das Verhältnis der aktiven Sensorfläche der strukturierten Sensoren zur aktiven Frontelektrodenfläche des Standardsensors aufgeführt. Die Bezugswerte sind stets die Abmessungen des unstrukturierten Sensors. Daher ist bei Sensor Y11 das Volumenverhältnis > 1. Es wird deutlich, dass die gemessenen Empfindlichkeitssteigerungen entscheidend von dem zu erwärmenden Volumen und der elektrischen Transferfunktion, also der Größe der aktiven Fläche und der Sensordicke d_a, abhängen. Tab. 4.8 zeigt, dass die Steigerungen der Empfindlichkeit um so größer sind, je geringer das zu erwärmende Volumen und je größer die Steigerung der ETF im Vergleich zum Standardsensor ist. Nach Abschnitt 4.2.2 ist die ETF strukturierter Sensoren stets geringer als von unstrukturierten Sensoren. Bei den theoretischen Betrachtungen wurde allerdings immer von der gleichen Elementdickenverteilung für die strukturierten und unstrukturierten Sensoren ausgegangen. Die hergestellten und untersuchten Sensoren besitzen dagegen infolge von Fertigungstoleranzen unterschiedliche Elementdicken, so dass durch die vorliegenden Geometrieverhältnisse die ETF oft positiv ausfällt.

Aufgrund der Vereinfachungen der Modelle aus Abschnitt 4.1.2.a sind die Abweichungen der Simulationswerte gegenüber den gemessenen Werten sehr groß und können nur als Richtwerte angesehen werden. Aufgrund der sehr komplexen Strukturierung ist eine analytische Modellierung nicht möglich, so dass für genauere Berechnungen komplexere numerische Modelle entwickelt werden müssten, die das ganze Sensorelement abbilden und auch die Wärmeaustauschmechanismen mit der Umgebung berücksichtigen. Allerdings war dies mit der zur Verfügung stehenden Software nicht möglich.

Die Messkurven der relativen Empfindlichkeitssteigerung zeigen eine große Ähnlichkeit mit dem thermischen Optimierungsfaktor aus Abb. 4.15. Dies macht deutlich, dass durch die Strukturierung die thermischen Verhältnisse vor allem durch die Steigerung der Temperaturamplitude in den aktiven Gebieten verbessert wird. Bei niedrigen Frequenzen bildet sich aufgrund der großen Periodendauer ein thermisches Gleichgewicht zwischen den aktiven und pas-

Tab. 4.8: Vergleich der Simulations- und Messergebnisse der untersuchten Sensoren mit unterschiedlichen Strukturweiten.

Sensor	Geometrische Abmessungen				Element-kapazität	Volumen-anteil	Flächen-anteil	nach Modell* 4.1.1.c	nach Modell* 4.1.2.a		Messwert* @ 10 Hz
	d_a	d_p	s	a	C_p	$V_{str}/V_{Standard}$	A_{FE}/A_s	$\hat{T}_{str}/\hat{T}_{Standard}$	$ETF_{str}/ETF_{Standard}$	$S_{v\ str}/S_{v\ Standard}$	$S_{v\ str}/S_{v\ Standard}$
	in µm				in pF			in %	in %	in %	in %
Sensoren mit Layout 1:											
Y24	4,9	–	–	–	74,0	1	1	–	–	–	–
Y11	7,8	3,6	36,1	16,6	n.a.	1,23	0,56	-16,3	+53	+27,6	+25
Y4	6,0	1,7	72,4	14,8	19,4	0,67	0,34	+61,4	+16	+85,7	+35
Y5	7,5	3,2	134,9	22,5	15,6	0,96	0,32	+12,9	+41	+58,3	+16
Y6	5,8	1,5	223,8	16,8	9,5	0,42	0,17	+115,5	+5	+146,7	+42
Sensoren mit Layout 2:											
Y23	5,6	–	–	–	90,1	1	1	–	–	–	–
Y7	6,3	1,4	35,6	16,7	30,4	0,77	0,57	+39,0	+10	+52,4	+13
Y8	6,7	2,5	73,2	14,0	17,0	0,71	0,33	+49,7	+12	+67,5	+25
Y9	7,4	3,1	135,3	22,1	14,8	0,82	0,31	+32,6	+22	+61,9	+27
Y10	5,9	1,6	223,8	16,8	8,0	0,42	0,17	+157,6	-6	+141,6	+33

* Gewinn des jeweils untersuchten Parameters gegenüber dem Standardsensor

Tab. 4.9: Vergleich der Simulations- und Messergebnisse der untersuchten Sensoren mit unterschiedlicher Dicke der $Ni_{80}Cr_{20}$-Schicht in den Gruben (Fall 2, siehe Abb. 4.28).

Sensor	Geometrische Abmessungen				Element-kapazität	Absorpt. dicke	Volumen-anteil	Flächen-anteil	nach Modell* 4.1.1.c	nach Modell* 4.1.2.a		Messwert* @ 10 Hz
	d_a in µm	d_p in µm	s in µm	a in µm	C_p in pF	d_{abs} in nm	$V_{str}/V_{Standard}$	A_{FE}/A_s	$\hat{T}_{str}/\hat{T}_{Standard}$ in %	$ETF_{str}/ETF_{Standard}$ in %	$S_{v\,str}/S_{v\,Standard}$ in %	$S_{v\,str}/S_{v\,Standard}$ in %
Sensoren mit Layout 1:												
Y24	4,9	–	–	–	74,0	7	1	1	–	–	–	–
Y22	6,6	1,7	72,4	14,8	20,0	0	0,71	0,34	+52,1	+26,2	+91,9	+34
Y19	6,9	2,3	73,3	13,6	19,6	2	0,80	0,32	+35,1	+30,8	+76,7	+29
Y20	7,1	2,5	73,1	13,8	18,2	4	0,84	0,33	+27,4	+34,4	+71,3	+35
Y4	6,0	1,7	72,4	14,8	19,4	7	0,67	0,34	+61,4	+15,6	+85,7	+35
Sensoren mit Layout 2:												
Y23	5,6	–	–	–	90,1	7	1	1	–	–	–	–
Y18	6,9	0,4	73,6	13,3	14,4	0	0,47	0,32	+150,3	+14,8	+168,8	< 0
Y15	5,7	1,1	71,4	15,4	22,2	2	0,51	0,36	+116,4	-2,8	+110,3	+24
Y16	7,5	3,0	72,5	14,9	17,0	4	0,83	0,34	+27,2	+24,4	+58,2	+20
Y17	7,0	2,7	72,8	14,2	19,6	7	0,76	0,33	+40,4	+16,7	+63,8	+25

* Gewinn des jeweils untersuchten Parameters gegenüber dem Standardsensor

siven Bereichen aus, so dass der Effekt sehr gering oder gar nicht vorhanden ist. Bei höheren Frequenzen begrenzt die thermische Diffusionslänge μ (Gl. (4.35)) die thermische Welle in die aktiven Gebiete, so dass die Verbesserung der Empfindlichkeit vor allem bei großen Strukturweiten s auf den mittleren Frequenzbereich von 5 Hz bis 100 Hz beschränkt ist (siehe Abb. 4.16).

Nach [11] verringert sich die Empfindlichkeit, sobald die Sensorelementkapazität nicht wesentlich größer als die Eingangskapazität des Vorverstärkers ($C_{\mathrm{eV}} = 5\,\mathrm{pF}$) ist (vgl. Gl. (2.20) für $\omega^2\tau_{\mathrm{el}}^2 \gg 1$). Aufgrund der Strukturierung und damit der Abnahme der empfindlichen Fläche sinkt die Sensorelementkapazität im Vergleich zu einem unstrukturierten Standardsensor stark ab (Tab. 4.8). Der gemessene Empfindlichkeitsgewinn ist somit eindeutig auf die in Abschnitt 3.1 beschriebene thermische Verstärkung zurückzuführen.

b) Sensoren mit Absorptionsschicht

Wie in Abschnitt 4.3.6 diskutiert wurde, hängt der Absorptionsgrad des $LiTaO_3$ in entscheidendem Maße von dessen Schichtdicke und dem aufgebrachten Elektrodensystem ab.

Die Schichtdicken d_{p} der untersuchten strukturierten Sensoren im Bereich der passiven Gebiete liegen bei 0,4 µm bis 3,6 µm (Tab. 4.9). Der zugehörige Bandabsorptionsgrad des unbeschichteten $LiTaO_3$ variiert in diesem Bereich von 0,16 bis 0,21 [11] und kann als annähernd konstant angesehen werden. Für dickeres $LiTaO_3$ steigt α_{B} und liegt für die untersuchten Elementdicken d_{a} bei ca. 0,25. Es wird dabei auch deutlich, dass die Eigenabsorption des $LiTaO_3$ ohne Elektroden nicht ausreichend ist und eine Absorptionsschicht in diesen Bereichen unbedingt erforderlich ist. Für das standardmäßig verwendete Elektrodensystem von 7 nm $Ni_{80}Cr_{20}$-FE und 25 nm $Ni_{80}Cr_{20}$-RE beträgt der Bandabsorptionsgrad 0,62 (siehe Abschnitt 4.3.6, [11] und [45]).

Im Folgenden soll daher der Einfluss der 25 nm dicken Rückelektrode und einer dünnen Metallschicht im Bereich der geätzten Gruben untersucht werden. Nach Abschnitt 4.5.5 wurden unterschiedlich dicke $Ni_{80}Cr_{20}$-Metalldünnschichten mittels der Lift-off-Technik in die passiven Gebiete eingebracht. Abb. 4.50 zeigt die relative Steigerung der schwarzen Empfindlichkeit ΔS_{v} nach Gl. (4.42) von Sensoren mit der gleichen Strukturierung jeweils mit und ohne Isolationsgraben und unterschiedlich dicken $Ni_{80}Cr_{20}$-Metalldünnschichten. Die Messungen erfolgten bei Luftdruck (Abb. 4.50a1,a2) und im Vakuum (Abb. 4.50b1,b2).

Für Sensoren mit Layout 1 liegt die Steigerung der Empfindlichkeit im Vakuum für eine Modulationsfrequenz von 10 Hz unabhängig von der eingebrachten $Ni_{80}Cr_{20}$-Schichtdicke bei etwa (30...35) %. Für Sensoren mit Layout 2 dagegen bei etwa (20...25) %. Der Sensor Y18 ohne eine $Ni_{80}Cr_{20}$-Schicht in den geätzten

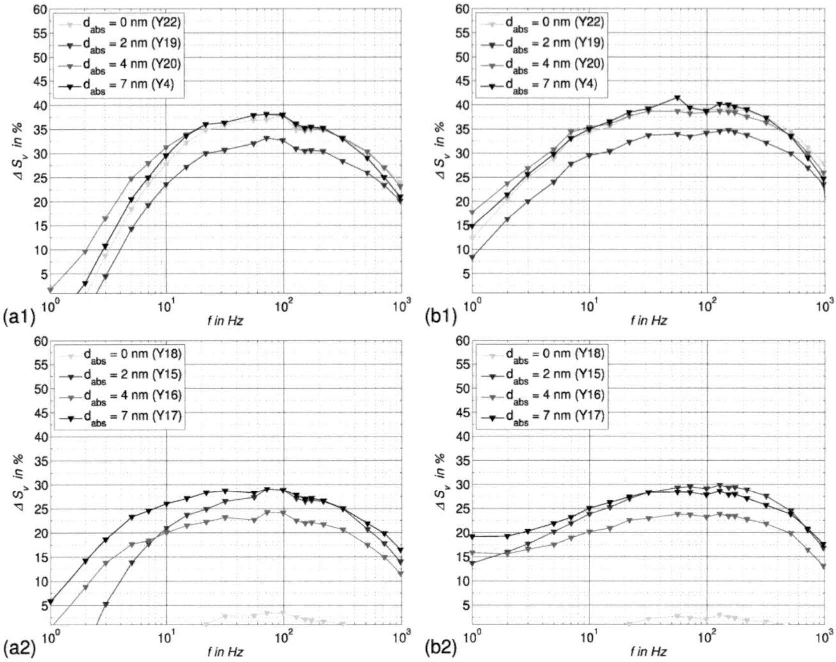

Abb. 4.50: Relative Steigerung der schwarzen Empfindlichkeit ΔS_v von strukturierten Sensoren mit Layout 1 ((a1), (b1)) und Layout 2 ((a2), (b2)) und mit unterschiedlichen Metalldünnschichtdicken d_abs: (a) bei Luftdruck, (b) in Vakuum.

Gruben (Abb. 4.50a2,b2) erreicht nur im Frequenzbereich von (20 bis 300) Hz eine minimale Verbesserung von (2...3) % gegenüber dem unstrukturierten Standardsensor. Entgegen den Simulationsergebnissen aus Abschnitt 4.3.3 liegt die Ursache dafür in der sehr dünnen Schichtdicke d_p dieses Sensors (Tab. 4.9). Für derart dünne Substratdicken besitzt das $LiTaO_3$ nur einen sehr geringen Bandabsorptionsgrad [11], so dass vom einfallenden Strahlungsfluss nahezu nichts absorbiert wird und sich dadurch kein genügend großer Wärmestrom ausbilden kann, um damit die Temperatur in den aktiven Bereichen effektiv zu erhöhen. Bei den Simulationen wurde davon ausgegangen, dass der Absorptionsgrad konstant ist. Desweiteren haben Einschüsse durch das Ionenstrahlätzen die Frontelektrodenfläche derart beschädigt, dass die aktive Fläche noch weiter verringert und die Elementkapazität wesentlich verkleinert wurde.

4.6.3 Spektrale Empfindlichkeit strukturierter Sensoren

Für die Messung der spektralen Empfindlichkeit wurde ein Gitter-Monochromator (M77200, LOT-Oriel) verwendet, mit dem der spektrale Verlauf der Empfindlichkeit im Wellenlängenbereich von $\lambda = (2 \ldots 15)\,\mu m$ untersucht werden kann. Die Messunsicherheit des Messplatzes liegt bei etwa $\pm$ 15 %, weshalb nur die relative spektrale Empfindlichkeit angegeben wird.

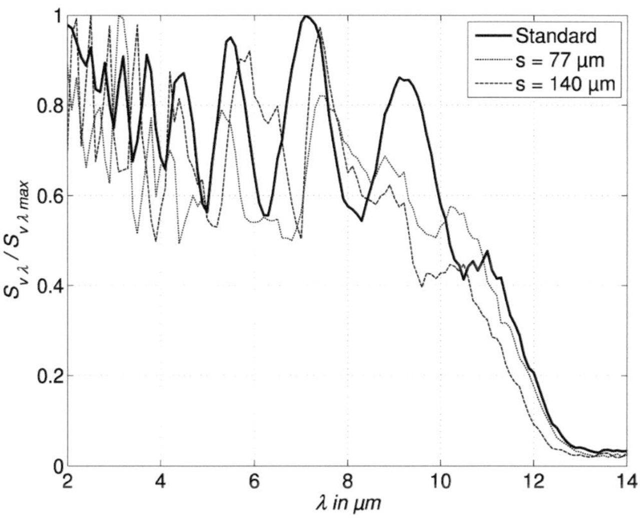

Abb. 4.51: Verlauf der spektralen Empfindlichkeit $S_{v\lambda}$ für unterschiedliche Strukturgrößen, die in die empfindlichen Sensorflächen geätzt wurden, normiert auf den jeweiligen Maximalwert.

Der Abfall der spektralen Empfindlichkeit ab $\lambda = 9\,\mu m$ resultiert aus dem verwendeten CaF_2-Fenster, welches im Gehäusedeckel der Sensoraufnahme eingeklebt ist. Bis zu einer Wellenlänge von etwa 10 µm dominieren dickenabhängige Interferenzerscheinungen das Absorptionsverhalten der $LiTaO_3$-Sensoren. Durch die Strukturierung, bei der sich dickere und dünnere Bereiche abwechseln, werden diese noch verstärkt. Folglich ist der Einsatz einer Absorptionsschicht notwendig, um im technisch interessanten Wellenlängenbereich von λ=(2...20) µm eine homogene und hohe Absorption zu erreichen.

4.6.4 Rauschverhalten strukturierter Sensoren

Für die in den Abschnitten 4.6.1.a und 4.6.1.b untersuchten Sensoren wurde mit dem Aufbau aus Abb. 4.44 die Frequenzabhängigkeit der normierten Rauschspannung $\tilde{u}_{\mathrm{Rn}}$ ermittelt. Die Messung erfolgt abgeschirmt von äußeren Umgebungseinflüssen mit einem DSP Lock-In Amplifier (Model 7265, EG&G Instruments), der die Messwerte über einen längeren Zeitraum aufnimmt und an einen PC weiterleitet. Durch Mittelung der Messwerte und Normierung auf eine Bandbreite von 1 Hz erhält man die normierte Rauschspannung $\tilde{u}_{\mathrm{Rn}}$.

Abb. 4.52a zeigt die aufgenommene normierte Rauschspannung für Sensoren mit unterschiedlich strukturierten Sensorflächen. Nach Gl. (2.22) ist die Rauschspannung von der aktiven Sensorfläche A_{FE} abhängig. Dies wird durch die aufgenommenen Messwerte bestätigt. Je geringer die empfindliche Sensorfläche aufgrund der geätzten Gruben wird, desto höher ist die gemessene Rauschspannung. Tab. 4.8 gibt einen Überblick über die untersuchten Sensoren mit dem Layout 2 und dem zugehörigen Anteil der aktiven Sensorfläche A_{FE} bezogen auf eine unstrukturierte Sensorfläche A_{s}.

Abb. 4.52b zeigt, dass die Dicke der eingebrachten $Ni_{80}Cr_{20}$-Dünnschicht keinen Einfluss auf das Rauschen hat. Das erhöhte Rauschen gegenüber dem Standardsensor ist allein auf die reduzierte empfindliche Fläche der Sensoren zurückzuführen, die für alle Sensoren in der gleichen Größenordnung liegt (siehe Tab. 4.9).

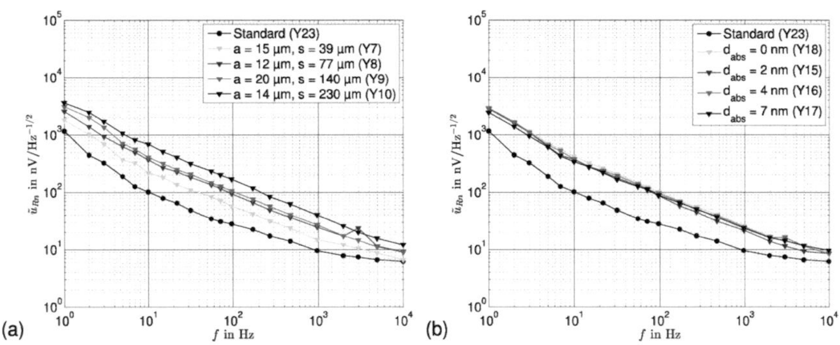

Abb. 4.52: Gemessene Frequenzgänge der normierten Rauschspannung $\tilde{u}_{\mathrm{Rn}}$ von Sensoren mit Layout 2: (a) Einfluss der eingebrachten Strukturen, (b) Einfluss unterschiedlich dicker $Ni_{80}Cr_{20}$-Dünnschichten in den Ätzgruben bei einer konstanten Strukturweite $s = 77\,\mu\mathrm{m}$.

4.6.5 Spezifische Detektivität strukturierter Sensoren

Die Detektivität D ist ein Maß für das thermische Auflösungsvermögen eines Sensors (siehe Abschnitt 2.3.3). Da im untersuchten Frequenzbereich $f = (1 \ldots 1000)\,\mathrm{Hz}$ die Rauschquellen des Sensorelementes dominieren, kann zum Vergleich von Sensoren mit unterschiedlich großen Detektorflächen und unterschiedlicher Herstellungstechnologie die nach Gl. (2.32) definierte spezifische Detektivität D^* herangezogen werden.

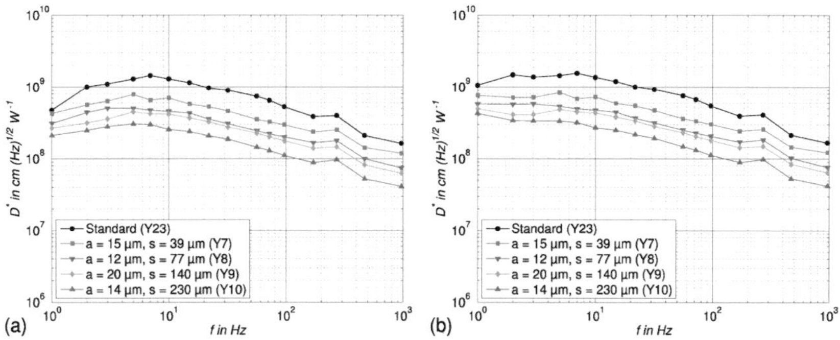

Abb. 4.53: Ermittelte spezifische Detektivität D^* von strukturierten Sensoren mit einem Isolationsgraben und unterschiedlichen Strukturgrößen (siehe Tab. 4.4): (a) in Luft, (b) in Vakuum.

Abb. 4.53 zeigt die nach Gl. (2.32) ermittelte spezifische Detektivität D^* von Sensoren mit einem Isolationsgraben um das empfindliche Element herum und unterschiedlich großen Ätzgruben. Für alle strukturierten Sensoren verschlechtert sich die spezifische Detektivität D^* aufgrund des erhöhten Rauschens durch die verkleinerte aktive Fläche A_{FE}. Die thermische Auflösung ist umso geringer, je größer die Strukturweite s ist, die in die empfindliche Fläche geätzt wurde. Der Grund dafür ist das wesentlich höher Rauschen durch die reduzierte empfindliche Sensorfläche.

Die Dicke der eingebrachten $Ni_{80}Cr_{20}$-Dünnschicht hat keinen Einfluss auf die spezifische Detektivität (Abb. 4.54). Die Unterschiede sind auf Messunsicherheiten zurückzuführen. Die geringere spezifische Detektivität des Sensors ohne eine Metalldünnschicht in den Gruben (Y18) liegt an der niedrigen gemessenen Empfindlichkeit aufgrund der geringen Restdicke d_{p} in den passiven Bereichen (siehe Abb. 4.50a2,b2) und Abschnitt 4.6.2b.

Der Schwerpunkt der Arbeit lag auf der Verbesserung der Empfindlichkeit pyroelektrischer Einelementsensoren durch die Strukturierung der empfindlichen

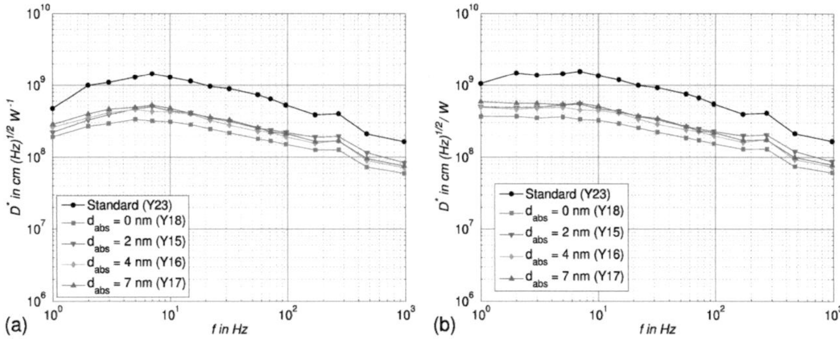

Abb. 4.54: Ermittelte spezifische Detektivität D^* von strukturierten Sensoren mit einem Isolationsgraben und unterschiedlich dicken $Ni_{80}Cr_{20}$-Dünnschichten d_{abs} in den Gruben für $s = 77\,\mu m$: (a) in Luft, (b) in Vakuum.

Fläche. Auch wenn keine Verbesserung der spezifischen Detektivität erreicht wird, führt dies zu vereinfachten Anforderungen an die Auswerteelektronik. Denn je besser der Signal-Rausch-Abstand, desto höher sind die Ansprüche an die Signalauswertung, um diesen auch nutzen zu können.

4.6.6 Beschleunigungsempfindlichkeit

Zur vollständigen Charakterisierung der Einelementsensoren mit einer strukturierten empfindlichen Fläche wurde auch deren Beschleunigungsempfindlichkeit gemäß Gl. (2.35) untersucht. Diese wird meist auf die Erdbeschleunigung g bezogen:

$$\tilde{a} = g = 9,81\,\frac{\mathrm{m}}{\mathrm{s}^2}. \tag{4.43}$$

Für die messtechnische Bewertung der Mikrofonieeigenschaften wurde der in [23] beschriebene Messplatz genutzt. Der zu untersuchende Sensor wird auf einem Schwingtisch befestigt, der von einem Sinusgenerator zum Schwingen angeregt wird. Ein Beschleunigungsaufnehmer ermittelt die Amplitude des Anregungssignals und wird durch Regelung des Generatorsignals konstant gehalten. Die Ausgangsspannung des Sensors wird mit Hilfe eines Lock-In Verstärkers gemessen. Die Messungen erfolgten im Bereich $f = (18 \ldots 8403)\,\mathrm{Hz}$.

Abb. 4.55 zeigt die Messkurven der Beschleunigungsempfindlichkeit. Diese ist bis zu einer Frequenz von etwa 1 kHz nahezu frequenzunabhängig. Die Resonanzerscheinungen bei höheren Frequenzen werden durch die mechanische

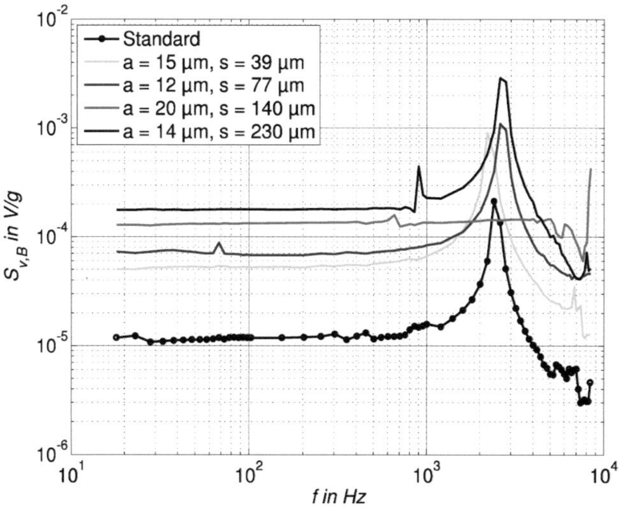

Abb. 4.55: Gemessene Beschleunigungsempfindlichkeit $S_{\mathrm{v,B}}$ für Sensoren mit $A_{\mathrm{s}} = (1\mathrm{x}1)\,\mathrm{mm}^2$ und unterschiedlichen Strukturgrößen a und s in der empfindlichen Fläche. Anregungsbeschleunigung $\tilde{a} = 9{,}81\,\frac{m}{s^2}$.

Einspannung des Sensorelementes bestimmt. Die geometrischen Parameter der untersuchten Sensoren, wie die Elementdicke d_{a} und die mittlere Schichtdicke d_{m}, sind in Tab. 4.10 aufgeführt. Die Größe der eingebrachten Strukturen scheinen das Mikrofonieverhalten der Sensoren zu beeinflussen. Zu erkennen ist, dass mit zunehmender Strukturweite s die Beschleunigungsempfindlichkeit steigt. Der Standardsensor besitzt die geringste $S_{\mathrm{v,B}}$ der untersuchten Sensoren. Mit der Größe der eingebrachten Strukturen in die empfindliche Fläche ändert sich die Einspannung der aktiven Bereiche. Je größer s ist, umso instabiler wird der Sensor. Die Schwingungsamplitude steigt und die Deformation der aktiven Bereiche nimmt zu, was sich in einem verschlechterten Mikrofonieverhalten widerspiegelt.

Tab. 4.10: Geometrische Abmessungen von Sensoren zur Untersuchung der Beschleunigungsempfindlichkeit.

Sensorname	Struktur	geometrische Abmessungen				
		d_a	d_p	s	a	d_m
		in µm				
N0677	Standard	7,2	–	–	–	7,2
N0384	P1	6,6	2,0	35,6	16,6	4,7
N0352	P2	6,1	1,7	72,9	14,5	3,3
N0399	P3	6,6	1,2	135,9	21,2	3,0
N0462	P4	7,2	3,0	224,3	16,1	3,8

4.6.7 Strukturierte Sensoren mit Ag-Schwarzschicht

Wie in den vorangegangenen Abschnitten dargestellt wurde, reicht die Eigenabsorption dünner $LiTaO_3$-Schichten nicht aus, um einfallende IR-Strahlung effektiv zu absorbieren. Daher ist eine Absorptionsschicht im Bereich der empfindlichen Fläche wünschenswert. In Abschnitt 4.5.5 wurden die Vor- und Nachteile einiger Absorptionsschichten und ihre technische Realisierbarkeit in den strukturierten Sensorflächen diskutiert. Die Ag-Schwarzschicht zeigte die besten Eigenschaften für den Einsatz als Absorptionsschicht. Um die Schwierigkeiten bei der Abscheidung dieser Schicht in die Gruben zu umgehen, wurde sie erst am Ende auf die Rückelektrode strukturierter Sensoren aufgedampft und die Sensorchips mit der Frontseite nach unten auf die Plastronden (siehe Abb. 4.42) montiert. Für diesen Chipaufbau wurde die schwarze Empfindlichkeit messtechnisch erfasst. Abb. 4.56 zeigt den Empfindlichkeitsgewinn gegenüber einem unstrukturierten Sensor, bei dem ebenfalls eine Ag-Schwarzschicht auf der Rückelektrode aufgedampft wurde. Die geometrischen Abmessungen der untersuchten Sensoren mit dem Chiplayout 1 sind in Tab. 4.11 zusammengefasst.

Durch die Ag-Absorptionsschicht mit einem Absorptionsgrad von $\alpha = 0{,}99$ wird die einfallende IR-Strahlung gleichmäßig über der gesamten Sensorfläche absorbiert und in die darunterliegende $LiTaO_3$-Struktur geleitet. Aufgrund der Strukturierung erwärmen sich die dünneren, passiven Bereiche durch die geringere Wärmekapazität schneller als die dickeren, aktiven Gebiete. Durch die höhere und gleichmäßigere Absorption der IR-Strahlung ist der Effekt der thermischen Verstärkung noch deutlicher zu erkennen. Bei einer Strukturweite von $s = 77\,\mu m$ konnte ein Empfindlichkeitsgewinn von über 60 % gemessen werden (Abb. 4.56). Für größere Strukturweiten s liegt die Steigerung ΔS_v bei etwa 30 %. Durch den

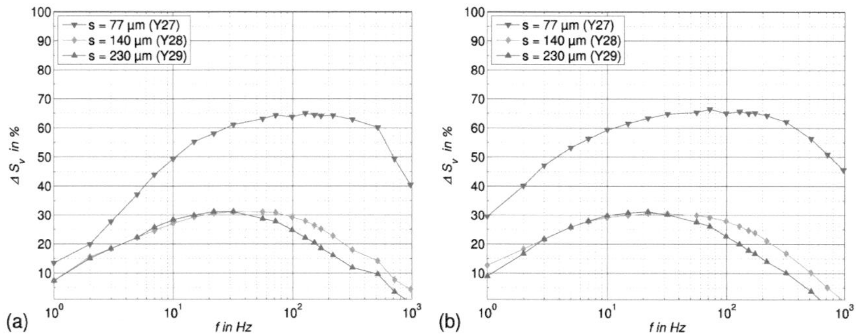

Abb. 4.56: Empfindlichkeitsgewinn strukturierter Sensoren mit einer Ag-Schwarzschicht auf der Rückelektrode und unterschiedlichen Strukturweiten s: (a) in Luft, (b) in Vakuum. Die Empfindlichkeit der strukturierten Sensoren wurde auf die eines unstrukturierten Sensors mit einer Ag-SS auf der RE bezogen.

Tab. 4.11: Geometrische Abmessungen der untersuchten Sensoren mit einer Ag-Schwarzschicht auf der Rückelektrode.

Sensor	Geometrische Abmessungen				Element-kapazität	Volumen-anteil	Flächen-anteil
	d_a	d_p	s in µm	a	C_p in pF	$V_{str}/V_{Standard}$	$A_{str}/A_{Standard}$
Y25	6,0	-	-	-	82,2	1	1
Y27	5,4	0,8	71,8	15,0	n.a.	0,35	0,42
Y28	6,1	1,3	134,1	23,0	18,9	0,33	0,50
Y29	7,8	2,7	222,8	17,0	8,8	0,17	0,62

gleichmäßigen Absorptionsgrad der aufgebrachten Ag-Schwarzschicht können außerdem die dickenabhängigen Interferenzerscheinungen (siehe Abb. 4.51) der spektralen Empfindlichkeit $S_{v\lambda}$ unterdrückt werden. Mit diesem Aufbau lassen sich die technologischen Probleme außerdem einfach umgehen.

Damit wurde gezeigt, dass durch den Einsatz einer Absorptionsschicht mit einer guten Wärmeleitfähigkeit und einer geringen spezifischen Wärmekapazität die thermische Verstärkung aufgrund der Strukturierung noch weiter gesteigert werden kann.

5 Überlagerung thermischer Wellen

5.1 Prinzip

Im Folgenden soll ein neuartiger Ansatz zur Steigerung der Temperaturamplitude im empfindlichen Element untersucht werden (siehe Abschnitt 3.2). Zwei sich lateral ausbreitende Wärmewellen sollen sich im aktiven Sensorvolumen derart konstruktiv überlagern, dass es zu einer deutlich vergrößerten Temperaturamplitude im aktiven Volumen kommt. Dabei sind die Orte der thermischen Anregung und der thermischen Überlagerung räumlich voneinander getrennt. Durch diese Trennung liegt der Vorteil dieses Ansatzes in der unabhängigen Dimensionierung der Absorptionsflächen und der Kondensatorfläche des empfindlichen Elementes. Damit können die Nachteile einer verkleinerten Sensorfläche, wie sie in Abschnitt 4.2 beschrieben wurden, umgangen werden.

Eine thermische Welle bezeichnet ein sowohl räumlich, als auch zeitlich veränderliches Temperaturfeld, welches durch eine zeitlich modulierte Temperaturänderung hervorgerufen wird. Die lokalen Anregungen wirken jedoch wegen des schnellen Abklingens nur über sehr kurze Entfernungen d, so dass für die thermischen Wellen kein Fernfeld existiert [87]. Die wirksamen Distanzen werden von der thermischen Diffusionslänge bestimmt und sind somit von der Modulationsfrequenz und den Materialeigenschaften des Mediums abhängig, in dem sich die thermische Welle ausbreitet (siehe Gl. (4.35)). Für $LiTaO_3$ liegen sie für Modulationsfrequenzen $f > 1\,\text{Hz}$ bei $d < 500\,\mu\text{m}$.

Voraussetzung für die Überlagerung zweier thermischer Wellen in einem Substrat, in dem sich die thermischen Wellen ausbreiten, sind zwei harmonisch angeregte Quellen. Damit es im empfindlichen Volumen zu einer Verstärkung der Temperaturamplitude kommt, dürfen die Amplituden der einzelnen Quellen noch nicht bis zur Hälfte abgeklungen sein. Daraus ergibt sich ein maximaler Abstand der beiden Anregungsquellen. Als Richtwert kann hier die doppelte thermische Diffusionslänge herangezogen werden. Die zu erwartenden Wechselwirkungen beschränken sich darauf, dass es bei der Überlagerung beider Wellen zu einer Addition der Temperaturamplituden kommt. Man spricht dann von thermischer Interferenz. Allerdings müssen die beiden Wellen dafür örtlich kohärent sein. Ziel ist es, ein Maximum genau in der Mitte der beiden Anregungsquellen zu erreichen, wobei die Gesamtamplitude T an dieser Stelle mindestens so groß sein soll wie diejenige am Ort der Anregung von einer einzelnen Quelle T_0.

5.2 Berechnung der thermischen Überlagerung

In Abschnitt 2.2.1 wurde das thermische Verhalten pyroelektrischer Einelementsensoren beschrieben und das vereinfachte elektrische Ersatzschaltbild des thermischen Netzwerkes aufgestellt und erläutert (siehe Abb. 2.4 und 2.5). Um das Modell auch für die Betrachtung der thermischen Überlagerung zu nutzen, wird es dahingehend erweitert, dass eine Anregung an mehreren, räumlich voneinander getrennten Stellen möglich ist und es zusätzlich eine Auswertung hinsichtlich der Temperaturamplituden an verschiedenen Punkten im Medium erlaubt.

Im Allgemeinen wird für die Beschreibung einer thermischen Welle die Lösung der Wärmeleitungsgleichung für eine harmonische Anregung herangezogen. Für ein Schichtsystem mit homogenen Dicken der Schichten i kann die Temperaturänderung $\Delta T_\mathrm{i}(x, y, z_\mathrm{i}, t)$ in einer Schicht i durch die Wärmeleitungsgleichung

$$\nabla^2 \Delta T_\mathrm{i}(x, y, z_\mathrm{i}, t) - \frac{1}{a_\mathrm{i}} \cdot \frac{\partial \Delta T_\mathrm{i}(x, y, z_\mathrm{i}, t)}{\partial T_\mathrm{i}} + \frac{q_\mathrm{vi}}{\lambda_\mathrm{i}} = 0 \tag{5.1}$$

exakt beschrieben werden [1]. Dabei sind ∇^2 der LAPLACE-Operator, a_i die Temperaturleitfähigkeit, λ_i die Wärmeleitfähigkeit und q_vi der Quellterm der pro Volumenelement erzeugten Wärmeleistung.

Für die weiteren Betrachtungen werden folgende Vereinfachungen getroffen:

- Homogene Substratschichtdicke; die aufgedampften Elektroden werden vernachlässigt,
- Kein Temperaturgradient in y-Richtung, da eine gleichmäßige Erwärmung erfolgt: $\frac{\partial \Delta T}{\partial y} = 0$,
- Kein Temperaturgradient in z-Richtung, da ein thermisch dünnes Medium vorliegt ($d_\mathrm{a} \ll \mu$): $\frac{\partial \Delta T}{\partial z} = 0$,
- Keine inneren Wärmequellen: $q_\mathrm{vi} = 0$,
- Betrachtung des quasistationären Falles.

Damit vereinfacht sich die Wärmeleitungsgleichung aus Gl. (5.1) zu:

$$\nabla^2 \Delta T(x, t) - \frac{1}{a_\mathrm{i}} \cdot \frac{\partial \Delta T(x, t)}{\partial T} = 0 \tag{5.2}$$

und für die Lösung folgt:

$$\underline{T}(x,t) = T_0 \cdot \exp(-\frac{x}{\mu}) \cdot \exp(j(\omega t - \frac{x}{\mu})), \tag{5.3}$$

mit der Diffusionslänge μ. Wegen der Annahme, dass die Anregung für beide Orte simultan erfolgt und damit die Phasenverschiebung null ist, kann vorausgesetzt werden, dass es bei gleichem zurückgelegtem Weg beider thermischer Wellen zu einer positiven Überlagerung kommt, so dass nur noch die Betrachtung der Amplituden notwendig ist.

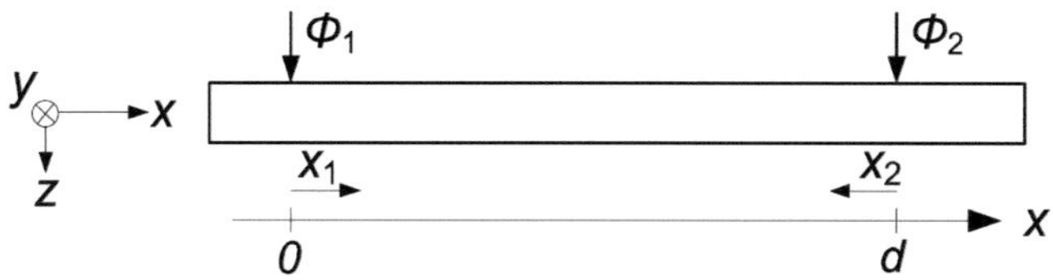

Abb. 5.1: Modell eines homogenen Substrates mit zwei Anregungsorten.

Abb. 5.1 zeigt das Modell eines homogenen Substrates, bei dem die thermische Anregung an zwei räumlich getrennten Orten erfolgen soll, die einen Abstand d voneinander haben und bei dem kein Temperaturgradient in z-Richtung auftritt. Die Amplituden der anregenden Strahlungsleistungen sollen gleich und die Anordnung symmetrisch sein. Es ist daher zu erwarten, dass sich an den Anregungsstellen Temperaturamplituden gleichen Betrages ausbilden. Da die Phasenverschiebung null ist, kann das Superpositionsprinzip angewendet werden, bei dem eine getrennte Betrachtung der beiden Quellen erfolgen kann. Für die Amplituden der thermischen Wellen gilt:

$$T_1(x_1) = T_0 \cdot \exp(-\frac{x_1}{\mu}) \qquad \text{und} \tag{5.4}$$

$$T_2(x_2) = T_0 \cdot \exp(-\frac{x_2}{\mu}). \tag{5.5}$$

Für die Ortsvariablen x_1 und x_2 gilt nach Abb. 5.1:

$$x_1 = x + x_{1,0} \tag{5.6}$$

$$x_2 = -x + x_{2,0} \tag{5.7}$$

mit $x_{1,0} = 0$ und $x_{2,0} = d$. Die Temperaturamplitude an einer Stelle im Material ergibt sich nach dem Superpositionsprinzip aus der Summe der beiden Teilamplituden:

$$T(x) = T_1(x) + T_2(x). \tag{5.8}$$

Unter Einbeziehung der Gln. (5.4) und (5.5) folgt dabei:

$$T(x) = T_0 \cdot \exp(-\frac{x_1}{\mu}) + T_0 \cdot \exp(-\frac{x_2}{\mu}) \tag{5.9}$$

$$T(x) = T_0 \cdot \exp(-\frac{x}{\mu}) + T_0 \cdot \exp(-\frac{-x+d}{\mu}) \tag{5.10}$$

$$\frac{T(x)}{T_0} = \exp(-\frac{x}{\mu}) + \exp(-\frac{-x+d}{\mu}). \tag{5.11}$$

Damit ergibt sich in der Mitte zwischen den Anregungsorten für $x = \frac{d}{2}$ folgendes Temperaturamplitudenverhältnis:

$$\frac{T(x)}{T_0} = 2 \cdot \exp(-\frac{d}{2 \cdot \mu}). \tag{5.12}$$

Abb. 5.2 zeigt das Temperaturamplitudenverhältnis $\frac{T(x)}{T_0}$ bei x = $\frac{d}{2}$ für verschiedene Frequenzen in Abhängigkeit vom Abstand d der Anregungsorte x_1 und x_2.

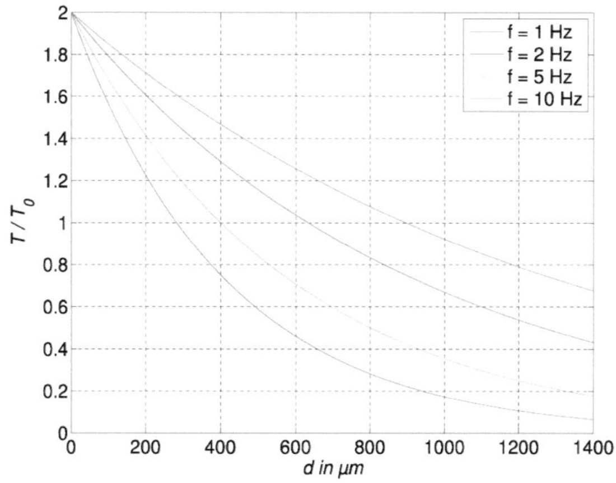

Abb. 5.2: Gesamttemperaturamplitude in der Mitte ($x = \frac{d}{2}$) der Anregungsorte der überlagerten Wärmewellen verschiedener Frequenzen f in Abhängigkeit vom Abstand d der Anregungsquellen zueinander.

5.3 Modellierung der thermischen Überlagerung

Um die laterale Ausbreitung von thermischen Wellen beschreiben zu können und den berechneten maximalen Abstand zu verifizieren, wird das thermische Netzwerkmodell aus Abb. 2.5 erweitert. Es werden mehrere Elemente aneinander gefügt. Abb. 5.3 zeigt schematisch die Kopplung von Elementen, die

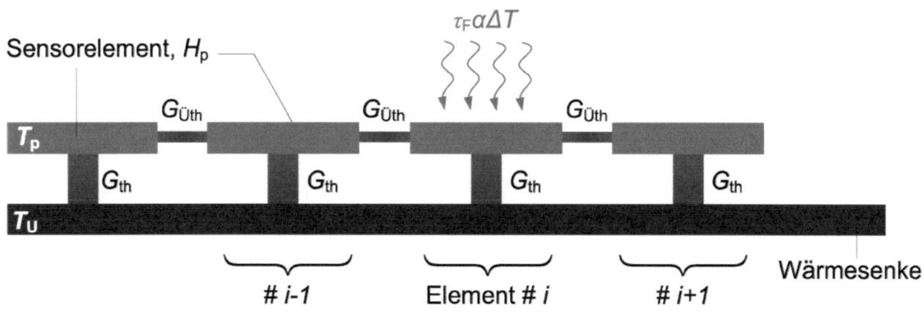

Abb. 5.3: Schematische Darstellung mehrerer, in Reihe liegender Elemente, die über einen thermischen Leitwert $G_{\mathrm{Üth}}$ miteinander gekoppelt sind.

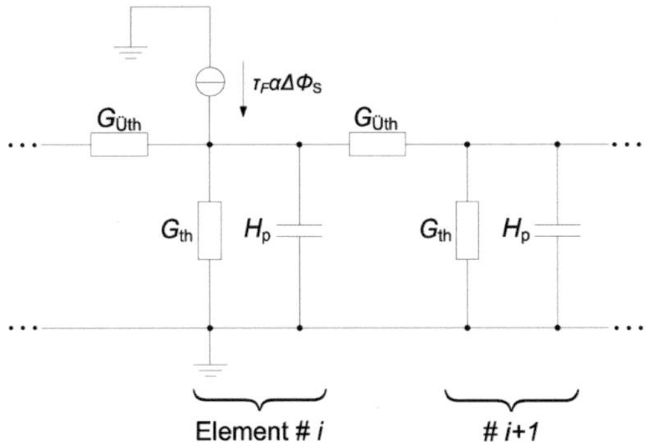

Abb. 5.4: Erweitertes thermisches Ersatzschaltbild für zwei pyroelektrische Elemente, die durch einen Übergangsleitwert $G_{\text{Üth}}$ miteinander gekoppelt sind.

durch einen Übergangsleitwert $G_{\text{Üth}}$ miteinander verbunden und die durch ihre Wärmekapazität H_p und ihren thermischen Leitwert G_th zur Umgebung charakterisiert sind.

Abb. 5.4 zeigt das thermische Ersatzschaltbild für die Anordnung von Abb. 5.3. Der Berechnung der Schaltungselemente wird ein pyroelektrischer Zeilenchip zugrundegelegt (Abb. 5.5), der auch für die messtechnische Untersuchung der Interferenz thermischer Wellen verwendet wird (siehe Abschnitt 5.4). Dieser wurde am Institut für Festkörperelektronik der Technischen Universität Dresden gefertigt. Der Chip besteht aus 256 Elementen, die jeweils eine empfindliche Fläche von $(40 \text{ x } 100)\,\mu\text{m}^2$, eine Dicke von $d_\text{p} = 5\,\mu\text{m}$ und einen Element-Mittenabstand von $x = 50\,\mu\text{m}$ besitzen. Die Elemente weisen einen Abstand $l_\text{Luft} = 300\,\mu\text{m}$ zur Wärmesenke auf (Abb. 5.6).

Ein Einzelelement wird durch seine Wärmekapazität H_p und seinen thermischen Leitwert G_th zur Umgebung charakterisiert. Für das Berechnungsmodell werden folgende Werte angenommen: Die Wärmeleitfähigkeit von Luft beträgt $\lambda_\text{Luft} = 0{,}0259\,\frac{\text{W}}{\text{m K}}$, die des LiTaO_3-Substrates $\lambda_{\text{LiTaO}_3} = 4{,}2\,\frac{\text{W}}{\text{m K}}$ und dessen volumenspezifische Wärmekapazität $c'_{\text{LiTaO}_3} = 3{,}2 \cdot 10^6\,\frac{\text{J}}{\text{m}^3\,\text{K}}$. Damit gilt für den thermischen Leitwert eines Elementes zur Umgebung:

$$G_\text{th} = \lambda_\text{Luft} \cdot \frac{A}{l_\text{Luft}} = 0,43\,\frac{\mu\text{W}}{\text{K}}, \tag{5.13}$$

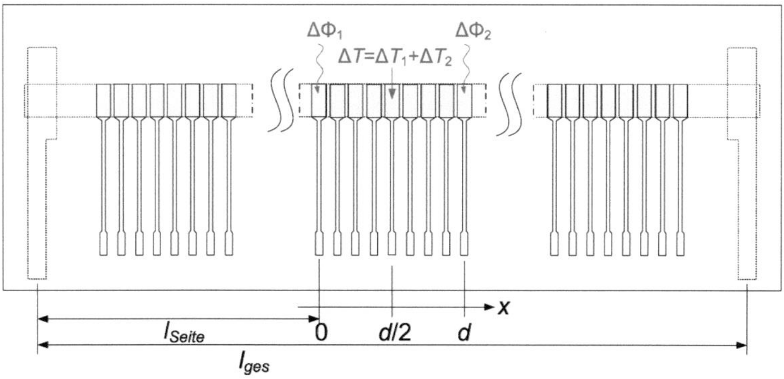

Abb. 5.5: Schematische Darstellung des pyroelektrischen $LiTaO_3$-Zeilenchips für die Untersuchung thermischer Interferenzeffekte.

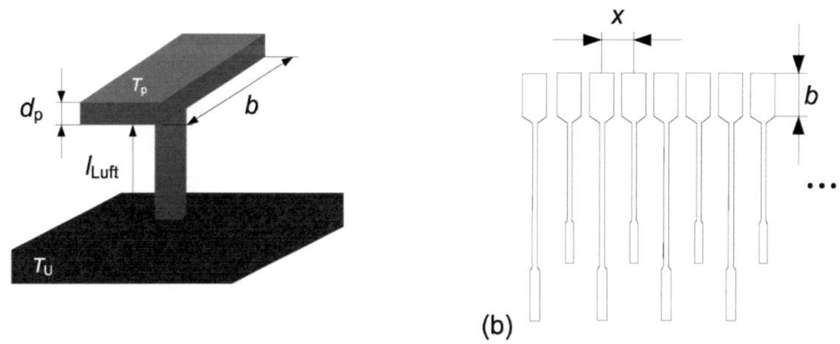

Abb. 5.6: Geometrie des betrachteten pyroelektrischen Zeilenchips für die Untersuchung thermischer Interferenzeffekte: (a) thermisches Modell eines einzelnen Elementes und (b) schematische Darstellung eines Ausschnittes des Zeilenchips. b Elementlänge, l_{Luft} Abstand zur Wärmesenke, d_{p} Elementdicke, x Element-Mittenabstand.

mit $A = x \cdot b = (50 \cdot 100)\,\mu\mathrm{m}^2 = 5000\,\mu\mathrm{m}^2$ und für dessen Wärmekapazität H_{p}:

$$H_{\mathrm{p}} = c'_{\mathrm{LiTaO_3}} \cdot A \cdot d_{\mathrm{p}} = 80\frac{\mathrm{nJ}}{\mathrm{K}}, \tag{5.14}$$

mit einer Elementdicke $d_{\mathrm{p}} = 5\,\mu\mathrm{m}$. Der laterale thermische Leitwert der Zwischenelemente ergibt sich für eine Übertragungsfläche $A_{\mathrm{\ddot{U}}} = b \cdot d_{\mathrm{p}} = (100{\cdot}5)\,\mu\mathrm{m}^2$

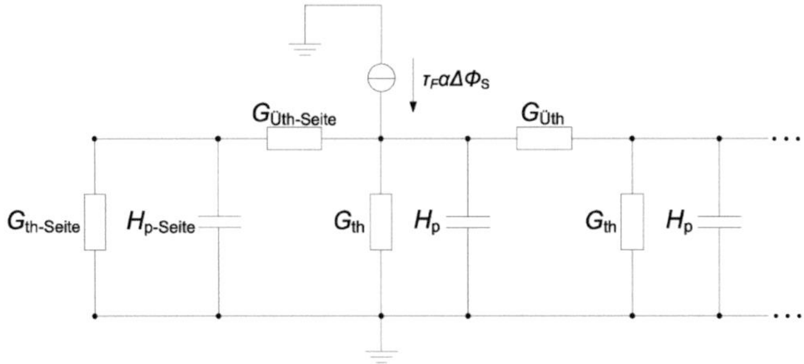

Abb. 5.7: Erweiterung des thermischen Netzwerkmodells von Abb. 5.4 mit Seitenelement.

und eine Länge $x = 50\,\mu\text{m}$ zu

$$G_{\text{Üth}} = \lambda_{\text{LiTaO}_3} \cdot \frac{A_{\text{Ü}}}{x} = 42\,\frac{\mu\text{W}}{\text{K}}. \tag{5.15}$$

Damit sich eine thermische Welle lateral ausbreitet, muss der thermische Leitwert in dieser Richtung größer sein als zur Umgebung. Dies ist nach den Gln. (5.13) und (5.15) gegeben. Für die vollständige Modellierung des thermischen Netzwerkmodells müssen noch die Elemente rechts und links der Anregungselemente berücksichtigt werden. Diese werden in je einem (Seiten-)Element zusammengefasst (Abb. 5.7). Unter der Annahme, dass die gesamte Ausdehnung des zugrundeliegenden Zeilenchips $l_{\text{ges}} = 13\,\text{mm}$ beträgt und sich die periodisch angeregten Elemente symmetrisch zum Zentrum des Zeilenchips befinden, gilt für die Länge der Seitenelemente:

$$l_{\text{Seite}} = \frac{l_{\text{ges}}}{2} - d, \tag{5.16}$$

wobei d der Abstand der angeregten Elemente ist. Da $d \ll l_{\text{ges}}$ ist, vereinfacht sich Gl. (5.16) zu

$$l_{\text{Seite}} \approx \frac{l_{\text{ges}}}{2} = 7,5\text{mm}. \tag{5.17}$$

Für die Seitenelemente gilt somit:

$$G_{\text{Üth-Seite}} = \lambda_{\text{LiTaO}_3} \cdot \frac{A_{\text{Ü}}}{l_{\text{Seite}}} = 0,28\frac{\mu\text{W}}{\text{K}}, \tag{5.18}$$

$$G_{\text{th-Seite}} = \lambda_{\text{Luft}} \cdot \frac{A_{\text{Seite}}}{l_{\text{Luft}}} = \lambda_{\text{Luft}} \cdot \frac{b \cdot l_{\text{Seite}}}{l_{\text{Luft}}} = 64,8 \frac{\mu\text{W}}{\text{K}}, \tag{5.19}$$

$$H_{\text{p-Seite}} = c'_{\text{LiTaO}_3} \cdot A_{\text{Seite}} \cdot d_{\text{p}} = 12 \frac{\mu\text{J}}{\text{K}}. \tag{5.20}$$

Die Simulation der thermischen Verhältnisse des aufgestellten Netzwerkmodelles erfolgte mit der Software „LT Spice IV" (Linear Technology Corporation (LTC)) [88]. Dabei werden zwei Elemente des zugrundeliegenden Zeilenchips mit einer periodisch modulierten Strahlungsleistung angeregt. In Abhängigkeit vom Abstand der Anregungselemente befindet sich im Simulationsmodell eine unterschiedliche Anzahl an Elementen zwischen diesen beiden Elementen.
Abb. 5.8 zeigt das vollständige thermische Netzwerkmodell für einen Abstand $d = 200\,\mu\text{m}$, d.h. mit drei Elementen zwischen den Anregungsorten, sowie den in je einem Seitenelement zusammengefassten Elementen, die rechts und links anliegen.

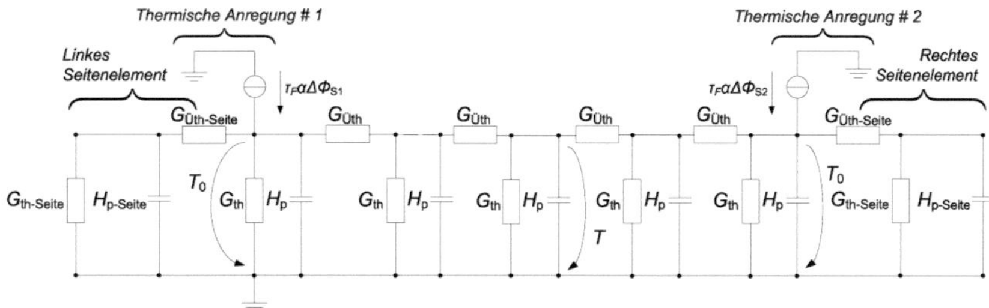

Abb. 5.8: Gesamte thermische Schaltung eines pyroelektrischen Zeilensensors mit zwei thermischen Anregungsquellen (siehe Abb. 5.1).

Für eine Strahlungsleistung von $\Delta\Phi_1 = 1\,\text{mW}$ und eine Modulationsfrequenz von $f = 5\,\text{Hz}$ ergibt sich der in Abb. 5.9 dargestellte Verlauf des Temperaturamplitudenverhältnisses T/T_0 am Ort $x = \frac{d}{2}$. Dabei ist T_0 die Temperaturamplitude am Ort $x = 0$ (siehe Abb. 5.1), die durch die Anregung von nur einer Quelle entsteht, und T die Temperaturamplitude am Ort $x = \frac{d}{2}$, die sich durch die Überlagerung der beiden thermischen Wellen in der Mitte der Anregungselemente ausbildet.

Abb. 5.9 zeigt insbesondere bei kleineren Abständen zwischen den beiden Anregungsorten Abweichungen zwischen den analytisch und den numerisch berechneten Werten. Diese können auf die getroffenen Vereinfachungen im

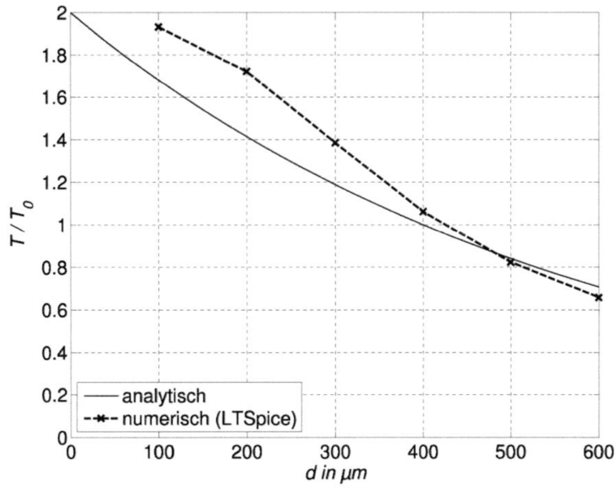

Abb. 5.9: Vergleich des analytisch (Gl. (5.12)) und numerisch berechneten Temperaturamplitudenverhältnisses infolge der Überlagerung von Temperaturwellen in dem pyroelektrischen Zeilensensor von Abb. 5.5, in Abhängigkeit vom Abstand d der Anregungsorte bei einer Modulationsfrequenz von $f = 5\,\mathrm{Hz}$.

thermischen Netzwerkmodell zurückgeführt werden, da z.B. das thermische Übersprechen zwischen den Elementen vernachlässigt sowie eine ideale Isolation vorausgesetzt wurden. Trotzdem ist erkennbar, dass der maximal mögliche Abstand d für eine Modulationsfrequenz von $f = 5\,\mathrm{Hz}$ bei ca. $d \approx 400\,\mu\mathrm{m}$ liegt. Im Anhang A.2.2 sind die Simulationsergebnisse des Temperaturamplitudenverhältnisses T/T_0 nach Gl. (5.12) am Ort $x = \frac{d}{2}$ für verschiedene Modulationsfrequenzen f und unterschiedliche Abstände d der Anregungsorte aufgeführt.

5.4 Praktische Umsetzung

5.4.1 Anforderungen

Breiten sich zwei thermische Wellen in einem pyroelektrischen Kristall aus, kommt es durch die Temperaturänderung zu einer Änderung der Polarisation, die eine Ladungsänderung auf den Elektroden bewirkt, welche durch eine Vorverstärkerschaltung in eine Signalspannung umgewandelt wird. Um diese Spannungsänderungen an verschiedenen Orten im Kristall messen zu können, werden an den Versuchsaufbau folgende Anforderungen gestellt:

- Die thermischen Wellen müssen sich im pyroelektrischen Kristall lateral ausbreiten.
- Die thermische Auflösung in lateraler Richtung soll hoch sein ($\Delta x < 100\,\mu\text{m}$).
- Die Temperaturgradienten in transversaler Richtung sollten vernachlässigbar klein sein. Das bedeutet, dass die Dicke sehr viel kleiner als die thermische Diffusionslänge sein sollte, d.h. das Medium thermisch dünn ist.
- Der pyroelektrische Kristall sollte eine gute thermische Isolation gegenüber der Umgebung besitzen.
- Im Kristall sollten definierte Stellen angeregt und ausgewertet werden können.

Diese Anforderungen werden sehr gut von pyroelektrischen Zeilenchips erfüllt. Deshalb wurde ein solcher verwendet, der am Institut für Festkörperelektronik der TU Dresden gefertigt wurde (vgl. Abschnitt 5.3). Bei einer Elementbreite von 40 µm und einem Elementabstand von 10 µm kann eine laterale Auflösung von etwa 50 µm erreicht werden. Dies ist in etwa eine Größenordnung geringer als der in Abschnitt 5.2 berechnete maximale Abstand der Anregungsorte. Die Chipdicke beträgt etwa 5 µm und ist damit deutlich kleiner als die Diffusionslänge in $LiTaO_3$ im interessierenden Frequenzbereich von $(1 \ldots 10)$ Hz (siehe Abb. 4.16). Durch eine geeignete Maskierung und eine diskrete Signalverstärkung einzelner Elemente können definiert Elemente angeregt und ausgewertet werden.

5.4.2 Versuchsaufbau

Wie in Abschnitt 5.1 beschrieben wurde, existiert für thermische Wellen kein Fernfeld, so dass es für den in Abschnitt 5.2 ermittelten maximalen Abstand von $d = 400\,\mu\text{m}$ ausreichend ist, nur zehn Elemente des Zeilensensors zu kontaktieren und auszulesen. Aus Symmetriegründen wurden die zehn mittleren Elemente der Sensorzeile gewählt.

a) Maskierung der Bestrahlung

Damit die auf die Elemente auftreffende Strahlung kohärent ist, wird für die Anregung ein und dieselbe Strahlungsquelle verwendet. Zur definierten

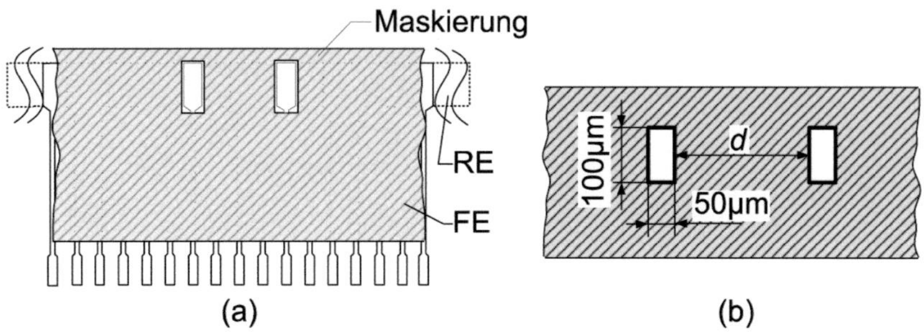

Abb. 5.10: Maske zur definierten Anregung zweier Zeilenelemente: (a) Position der Maske über dem Sensorchip und (b) Ausschitt der Maske mit den Löchern und den realisierten Abmessungen.

Anregung von nur zwei Elementen wurde eine Maske entworfen, die über dem Zeilenchip positioniert wird und bis auf die beiden Anregungsorte alle restlichen Elemente abdeckt, so dass keine Strahlung auf die anderen empfindlichen Flächen trifft. In Abb. 5.10 ist das Prinzip der selektiven Anregung einzelner Zeilenelemente mittels einer Maske dargestellt.

Die Maske besteht aus einer Keramik, die mittels Laserschneidens strukturiert wurde. Je nach Abstand d der Anregungsorte wurden Masken mit einem entsprechenden Löcherabstand gefertigt. Der Zeilenchip ist gemeinsam mit der Maske auf einem Verdrahtungsträger in ein TS 2424 Gehäuse integriert, welches mit einem Deckel mit integriertem Fenster verkappt ist.

b) Signalverstärkung und Signalauswertung

Um die Signalspannung der zehn mittleren Zeilenelemente messen und auswerten zu können, werden diese an je eine Vorverstärkerschaltung (siehe Abb. 4.45) angeschlossen, die schon für die in Kapitel 4 untersuchten pyroelektrischen Einelementsensoren genutzt worden war. Aus Platzgründen erfolgte deren Aufbau auf einer externen Leiterplatte. Abb. 5.11 zeigt die Vorverstärkerschaltung für ein Einzelelement.

Mit einem nachgeschalteten Operationsverstärker erfolgt eine Signalanpassung an den nachfolgenden A/D-Wandler, der an einen PC angeschlossen ist, welcher die Messwerte aufnimmt und für die Auswertung zur Verfügung stellt. Abb. 5.12 zeigt die Schaltung für die Signalanpassung.

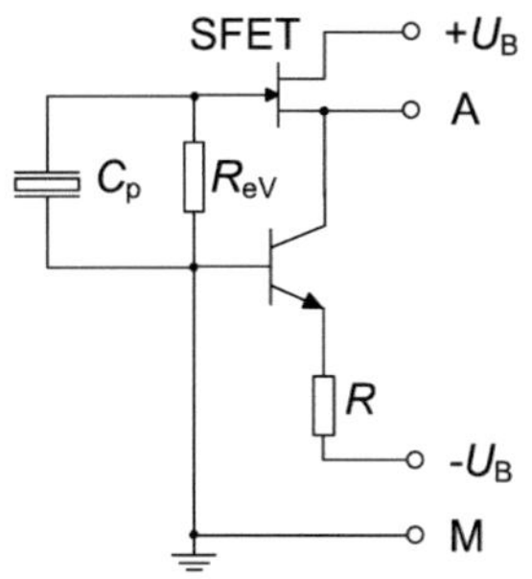

Abb. 5.11: Vorverstärkerschaltung für die Signalauswertung eines pyroelektrischen Sensorelementes.

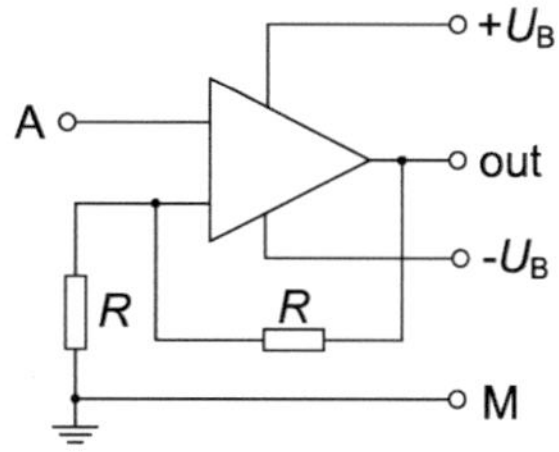

Abb. 5.12: Signalanpassung der Signalspannungen an den A/D-Wandler.

c) Versuchmessplatz

Die Wirkungskette des konzipierten Messplatzes ist in Abb. 5.13 dargestellt. Mit Hilfe eines Frequenzgenerators wird eine IR-LED (Type HDSL-4230 von HP mit $\lambda = 875\,\text{nm}$) angesteuert. Die IR-Strahlung der LED trifft auf die maskierte Sensorzeile. Wahlweise kann zur Fokussierung der IR-Strahlung eine Linse in den Strahlengang gebracht werden. Die an einem Zeilenelement erzeugte Signalspannung kann mittels einer Vorverstärkerschaltung und einer Signalanpassungsstufe durch einen A/D-Wandler an den PC weitergeleitet und ausgewertet werden.

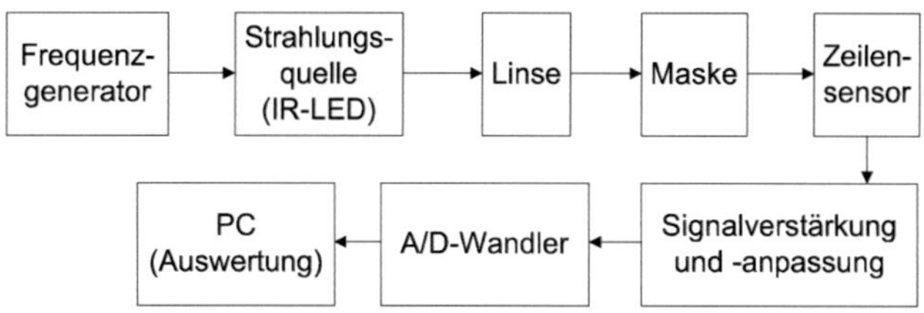

Abb. 5.13: Wirkungskette des Messplatzes zum Nachweis der Überlagerung thermischer Wellen [89].

Eine schematische Darstellung des aufgebauten Versuchsplatzes ist in Abb. 5.14 zu sehen. Der Aufbau ist so entworfen und gefertigt wurden, dass die Strahlungsquelle, die Fokussierung und der Detektor auf einer Geraden liegen.

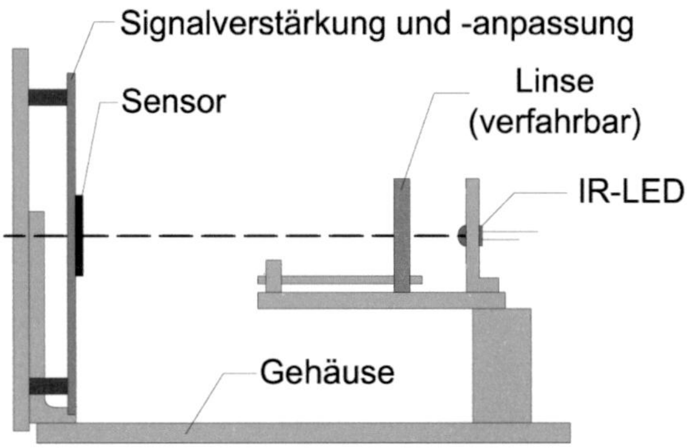

Abb. 5.14: Versuchsaufbau: IR-LED als Strahlungsquelle und verfahrbare Linse zur Fokussierung der Strahlung [89].

Mit einem solchen Aufbau kann in Abhängigkeit von der Anzahl der Elemente zwischen den Anregungselementen abgeschätzt werden, welches der optimale Abstand der Anregungsorte ist. Der Versuchsaufbau stellt somit eine kostengünstige und flexible Möglichkeit dar, verschiedene Abstände d der Anregungsorte zu untersuchen.

5.5 Ergebnisse und Fehleranalyse

Zunächst wurde die Funktionsfähigkeit des Messplatzes anhand eines Zeilensensors ohne Maskierung getestet. Dabei wurde die komplette Sensorzeile mit einer modulierten Strahlung angeregt und die angeschlossenen Zeilenelemente über die Messkanäle des A/D-Wandlers aufgenommen und ausgelesen. Es wurde erwartet, dass auf allen Kanälen (also für alle Elemente) etwa das gleiche Signal gemessen werden kann und die Spannungsamplituden im Bereich von (-1 ... +1) V liegen. Die gemessenen Signalamplituden lagen aber eine Größenordnung höher.

Die pyroelektrischen Zeilenelemente sind aufgrund ihrer kleinen Abmessungen sehr hochohmig. Am Ausgang des Vorverstärkers fließen daher nur sehr geringe Ströme. Dadurch verhält sich der Eingang des nachgeschalteten OPV, als wäre er offen, so dass hier sehr leicht Störungen eingekoppelt werden können. Begünstigt wird dies noch durch den Aufbau der Signalaufbereitung, da diese nicht unmittelbar neben den Zeilenelementen im abgeschirmten Sensorgehäuse angebracht ist, sondern sich auf einer Leiterplatte außerhalb des Sensorgehäuses befindet. Die langen Zuleitungen begünstigen das Einkoppeln von Störungen zusätzlich. Daher wurde für ein einzelnes Zeilenelement eine Vorverstärkerstufe direkt im Sensorgehäuse integriert und es konnte eine deutliche Verbesserung des Signals erreicht werden. In einer späteren Arbeit soll deshalb die komplette Verstärkerschaltung für alle Elemente im Sensorgehäuse platziert werden.

6 Zusammenfassung und Ausblick

6.1 Zusammenfassung

In der vorliegenden Arbeit wurde erfolgreich der Einsatz von strukturierten Sensorelementen in pyroelektrischen Sensoren auf der Basis von $LiTaO_3$ zur Steigerung der Empfindlichkeit untersucht. Dabei wurde das empfindliche Element der pyroelektrischen Sensorchips so strukturiert, dass sich eine in x- und y-Richtung wiederholende Struktur von dicken und dünnen Gebieten ergibt. Dadurch weist die Frontelektrode eine Grubengitterstruktur auf. Die Bereiche mit einer Front- und einer Rückelektrode wurden als elektrisch aktive Volumina, die Bereiche ohne eine Frontelektrode als elektrisch passive Volumina bezeichnet. Aufgrund der unterschiedlichen Wärmekapazitäten dieser aktiven und passiven Bereiche bildet sich ein Wärmestrom von den dünneren zu den dickeren Bereichen aus, wodurch die Temperaturamplitude in den aktiven Gebieten signifikant gesteigert werden konnte. Die Quantität der Steigerung hängt in entscheidendem Maße von den geometrischen Abmessungen der eingebrachten Strukturen ab.

Gleichzeitig beeinflusst die Strukturierung auch die elektrischen Eigenschaften des Sensorchips. Durch die verkleinerte Frontelektrodenfläche verringert sich der pyroelektrische Strom und damit die Sensitivität bei gleichzeitigem Anstieg der Rauschspannung. Diese unerwünschten, aber unvermeidbaren Nebeneffekte können bei geeigneter Dimensionierung durch den nachgewiesenen deutlich positiven Einfluss der Strukturierung auf die Temperaturänderung mehr als kompensiert werden, so dass sich der gesamte Strukturierungseffekt positiv auf die Empfindlichkeit auswirkt.

Für die Untersuchung der erreichbaren Empfindlichkeitssteigerungen wurden sowohl analytische Modelle an die zu untersuchenden Strukturen angepasst, als auch numerische Modelle erstellt und verifiziert. Aufgrund der Beschränkungen der verwendeten Simulationssoftware und den dadurch notwendigen Vereinfachungen konnte nur eine qualitative Aussage über den erreichbaren Empfindlichkeitsgewinn getroffen werden. Ausgehend von den Simulationsergebnissen ließen sich Entwurfsrichtlinien für strukturierte Einelementsensoren ableiten. Auf deren Grundlage wurde eine Belichtungsmaske entworfen und Sensoren mit unterschiedlichen Strukturabmessungen hergestellt. Des Weiteren wurde der Einfluss verschiedener Absorptionsschichten betrachtet und anhand ihrer technologischen Anforderungen auf ihre Einsetzbarkeit in den strukturierten Sensoren diskutiert und bewertet.

Für die Beurteilung des Einflusses der Strukturierung auf die Sensorkenngrößen wurden zunächst Sensoren mit einer identisch großen, unstrukturierten empfindlichen Fläche messtechnisch untersucht und alle folgenden strukturierten Sensoren auf diese bezogen. Dabei konnte in Abhängigkeit von den Strukturabmessungen eine um bis zu 45 % erhöhte Empfindlichkeit gemessen werden. Zusätzlich wurde der Einfluss unterschiedlich dicker $Ni_{80}Cr_{20}$-Metalldünnschichten zur Erhöhung der Absorption in den passiven Gebieten auf die wichtigsten Sensorparameter erfasst. Dabei wurde festgestellt, dass für sehr dünne $LiTaO_3$-Substratdicken der Einsatz einer Absorptionsschicht unbedingt erforderlich ist, da für Schichtdicken $d_a < 3\,\mu m$ das Absorptionsvermögen nicht ausreichend ist. Die spezifische Detektivität der strukturierten Sensoren konnte gegenüber unstrukturierten Sensoren mit identischen Abmessungen nicht gesteigert werden. Vielmehr verschlechtert sie sich durch die aufgrund der verkleinerten aktiven Fläche vergrößerte Rauschspannung.

Weiterhin wurde in der Arbeit ein zweiter Ansatz zur Steigerung der Empfindlichkeit untersucht, bei dem durch die konstruktive Gestaltung der strahlungsabsorbierenden Detektorbereiche sich zwei thermische Wellen im Sensorvolumen so ausbreiten, dass sie sich im aktiven Volumen konstruktiv überlagern. Die Anregungs- und Überlagerungsorte sind dabei räumlich voneinander getrennt. Mittels Simulation konnte gezeigt werden, dass die Temperaturamplitude bei einem Abstand der Anregungsorte $d < 400\,\mu m$ gegenüber einem Standardsensor gesteigert werden kann. Ein erster Versuchsplatz wurde konzipiert und aufgebaut. Obwohl durch die Einkopplung von Störsignalen aufgrund des verwendeten Schaltungsdesigns mit diesem ersten Versuchsaufbau keine Validierung der thermischen Interferenzeffekte möglich war, konnte durch die Integration der Signalauswertung in das Sensorgehäuse hinein eine deutliche Verbesserung des Signals erreicht werden. Diese erfolgreiche Analyse des Versuchsplatzes ist für die Optimierung in einer späteren Arbeit wichtig.

6.2 Ausblick

Die in der Arbeit durchgeführte FE-Simulation kann dazu genutzt werden, um den qualitativen Einfluss der Sensorgeometrie auf die einzelnen Sensorparameter abzuschätzen. Durch die oben beschriebenen notwendigen Vereinfachungen sind die Modelle nur bedingt für den quantitativen Vergleich mit den aufgebauten Sensoren einsetzbar. Daher sollten in zukünftigen Arbeiten mit Hilfe einer erweiterten Softwareumgebung komplexere Simulationen durchgeführt werden, bei denen die Modellierung der Strukturen und die Randbedingungen genauer an die Realität angepasst werden können.

Neben dem Einsatz der Aktiv-Passiv-Strukturen ist als ein weiterer Ansatzpunkt für die Verbesserung der Empfindlichkeit die ganzflächige Abscheidung einer Absorberschicht zu sehen.

In der Arbeit zeigten erste Ergebnisse, dass durch das Aufbringen einer Silberschwarzschicht auf die Rückelektrode strukturierter Sensoren ein deutlicher Empfindlichkeitsgewinn gegenüber strukturierten Sensoren ohne eine Absorptionsschicht erzielt werden kann. Durch den Einsatz einer solchen Schicht auf der Rückelektrode des Sensorchips können die in der Arbeit diskutierten technologischen Nachteile bei der Strukturierung von Absorptionsschichten, z.B. von Silberschwarzschichten, vermieden werden. Auch die Nachteile des geringen Absorptionsvermögens sehr dünner $LiTaO_3$-Schichten können dadurch umgangen werden, so dass die Vorteile der geringen Wärmekapazität solcher dünner Schichten vollständig ausgenutzt werden können. Der Einsatz anderer Absorberschichten ist in zukünftigen Arbeiten zu untersuchen.

Der Nachweis der konstruktiven Überlagerung zweier thermischer Wellen konnte in der Arbeit theoretisch gezeigt werden. Die Analyse des Versuchsaufbaus bilden eine Grundlage zur Optimierung der Signalauswertung, mit der es möglich wird, messtechnisch die thermischen Interferenzeffekte nachzuweisen. Mit den sich daraus ergebenden Erkenntnissen eröffnen sich Entwicklungsmöglichkeiten für verschiedenste Sensorlayouts, z.B. die Erweiterung auf Überlagerungen von mehr als zwei thermischen Wellen, die eine noch höhere Empfindlichkeitssteigerung erwarten lassen. Außerdem können durch die räumliche Trennung der Absorptionsflächen und der Kondensatorfläche des empfindlichen Elementes diese unabhängig voneinander dimensioniert werden und es lässt sich damit z.B. das durch die verkleinerte Frontelektrodenfläche erhöhte Rauschen umgehen.

Anhang A: Modellierung des thermischen Verhaltens

A.1 Analytische Modellierung

Die Modelle für die analytische Berechnung der vertikalen und lateralen Wärmeleitung in pyroelektrischen Sensoren wurden in vielen vorangehenden Arbeiten hergeleitet und genutzt [7, 16, 17, 45]. Da sie eine wichtige Grundlage dieser Arbeit bilden, werden diese Herleitungen im Folgenden noch einmal ausführlich dargestellt.

A.1.1 Vertikale Wärmeleitung im pyroelektrischen Sensorchip

Die allgemeine Lösung der Gl. (4.11) hat folgende Form [74]:

$$\underline{\Delta\hat{T}}_{\mathrm{i}}(z_{\mathrm{i}}) = A_{\mathrm{i}}\cosh(\mu_{\mathrm{i}} z_{\mathrm{i}}) + B_{\mathrm{i}}\sinh(\mu_{\mathrm{i}} z_{\mathrm{i}}). \tag{A.1}$$

Für das in Abb. 4.6 dargestellte Modell gelten folgende Randbedingungen:

$$\underline{\Delta\hat{T}}_{\mathrm{G1}}(z_{\mathrm{G1}} = 0) = 0 \tag{A.2}$$

$$\underline{\Delta\hat{T}}_{\mathrm{G1}}(z_{\mathrm{G1}} = d_{\mathrm{G1}}) = \underline{\Delta\hat{T}}_{\mathrm{p}}(z_{\mathrm{p}} = 0) \tag{A.3}$$

$$\begin{aligned} -A_{\mathrm{s}}\lambda_{\mathrm{G1}}\frac{d\underline{\Delta\hat{T}}_{\mathrm{G1}}(z_{\mathrm{G1}} = d_{\mathrm{G1}})}{dz_{\mathrm{G1}}} &= -A_{\mathrm{s}}\lambda_{\mathrm{p}}\frac{d\underline{\Delta\hat{T}}_{\mathrm{p}}(z_{\mathrm{p}} = 0)}{dz_{\mathrm{p}}} \\ &\quad + G_{\mathrm{s}}\underline{\Delta\hat{T}}_{\mathrm{p}}(z_{\mathrm{p}} = 0) - \tau_{\mathrm{F}}\alpha\Delta\Phi_{\mathrm{s}} \end{aligned} \tag{A.4}$$

$$\underline{\Delta\hat{T}}_{\mathrm{p}}(z_{\mathrm{p}} = d_{\mathrm{p}}) = \underline{\Delta\hat{T}}_{\mathrm{G2}}(z_{\mathrm{G2}} = 0) \tag{A.5}$$

$$-A_{\mathrm{s}}\lambda_{\mathrm{p}}\frac{d\underline{\Delta\hat{T}}_{\mathrm{p}}(z_{\mathrm{p}} = d_{\mathrm{p}})}{dz_{\mathrm{p}}} = -A_{\mathrm{s}}\lambda_{\mathrm{G2}}\frac{d\underline{\Delta\hat{T}}_{\mathrm{G2}}(z_{\mathrm{G2}} = 0)}{dz_{\mathrm{G2}}} \tag{A.6}$$

$$\underline{\Delta\hat{T}}_{\mathrm{G2}}(z_{\mathrm{G2}} = d_{\mathrm{G2}}) = 0. \tag{A.7}$$

Wird die Ansatzfunktion (A.1) in die Gleichungen (A.2) bis (A.7) eingesetzt, so erhält man ein Gleichungssystem aus sechs linearen Funktionen mit sechs unbekannten Konstanten A_i und B_i:

$$A_\mathrm{G1} = 0 \tag{A.8}$$

$$A_\mathrm{G1}\cosh(\mu_\mathrm{G1}d_\mathrm{G1}) + B_\mathrm{G1}\sinh(\mu_\mathrm{G1}d_\mathrm{G1}) - A_\mathrm{p} = 0 \tag{A.9}$$

$$A_\mathrm{G1}\lambda_\mathrm{G1}\mu_\mathrm{G1}\sinh(\mu_\mathrm{G1}d_\mathrm{G1}) + B_\mathrm{G1}\lambda_\mathrm{G1}\mu_\mathrm{G1}\cosh(\mu_\mathrm{G1}d_\mathrm{G1}) - B_\mathrm{p}\lambda_\mathrm{p}\mu_\mathrm{p} + A_\mathrm{p}\frac{G_\mathrm{s}}{A_\mathrm{s}} = \frac{\tau_\mathrm{F}\alpha\Delta\Phi_\mathrm{s}}{A_\mathrm{s}} \tag{A.10}$$

$$A_\mathrm{p}\cosh(\mu_\mathrm{p}d_\mathrm{p}) + B_\mathrm{p}\sinh(\mu_\mathrm{p}d_\mathrm{p}) - A_\mathrm{G2} = 0 \tag{A.11}$$

$$A_\mathrm{p}\lambda_\mathrm{p}\mu_\mathrm{p}\sinh(\mu_\mathrm{p}d_\mathrm{p}) + B_\mathrm{p}\lambda_\mathrm{p}\mu_\mathrm{p}\cosh(\mu_\mathrm{p}d_\mathrm{p}) - B_\mathrm{G2}\lambda_\mathrm{G2}\mu_\mathrm{G2}\cdot 1 = 0 \tag{A.12}$$

$$A_\mathrm{G2}\cosh(\mu_\mathrm{G2}d_\mathrm{G2}) + B_\mathrm{G2}\sinh(\mu_\mathrm{G2}d_\mathrm{G2}) = 0. \tag{A.13}$$

Mit Hilfe des GAUßschen Algorithmus [90] kann das Gleichungssystem gelöst werden. Für die Konstanten ergeben sich folgende Beziehungen:

$$A_\mathrm{G1} = 0 \tag{A.14}$$

$$B_\mathrm{G1} = \frac{\tau_\mathrm{F}\alpha\Delta\Phi_\mathrm{s}}{A_\mathrm{s}} \cdot \frac{1}{\sinh(\mu_\mathrm{G1}d_\mathrm{G1})} \cdot \frac{C_1 + C_2}{C_1C_3 + C_2C_4} \tag{A.15}$$

$$A_\mathrm{p} = \frac{\tau_\mathrm{F}\alpha\Delta\Phi_\mathrm{s}}{A_\mathrm{s}} \cdot \frac{C_1 + C_2}{C_1C_3 + C_2C_4} \tag{A.16}$$

$$B_\mathrm{p} = \frac{\tau_\mathrm{F}\alpha\Delta\Phi_\mathrm{s}}{A_\mathrm{s}} \cdot \frac{1}{\mu_\mathrm{p}\lambda_\mathrm{p}} \cdot \left[W\frac{C_1 + C_2}{C_1C_3 + C_2C_4} - 1\right] \tag{A.17}$$

$$A_\mathrm{G2} = \frac{\tau_\mathrm{F}\alpha\Delta\Phi_\mathrm{s}}{A_\mathrm{s}} \cdot \frac{\sinh(\mu_\mathrm{p}d_\mathrm{p})}{\mu_\mathrm{p}\lambda_\mathrm{p}} \cdot \left[\frac{C_1 + C_2}{C_1C_3 + C_2C_4} - 1\right] \tag{A.18}$$

$$B_\mathrm{G2} = \frac{\tau_\mathrm{F}\alpha\Delta\Phi_\mathrm{s}}{A_\mathrm{s}} \cdot \frac{\cosh(\mu_\mathrm{p}d_\mathrm{p})}{\mu_\mathrm{G2}\lambda_\mathrm{G2}} \cdot \left[C_4\frac{C_1 + C_2}{C_1C_3 + C_2C_4} - 1\right] \tag{A.19}$$

mit

$$C_1 = \frac{\sinh(\mu_\mathrm{p}d_\mathrm{p})\cosh(\mu_\mathrm{G2}d_\mathrm{G2})}{\lambda_\mathrm{p}\mu_\mathrm{p}} \tag{A.20}$$

$$C_2 = \frac{\cosh(\mu_\mathrm{p}d_\mathrm{p})\sinh(\mu_\mathrm{G2}d_\mathrm{G2})}{\lambda_\mathrm{G2}\mu_\mathrm{G2}} \tag{A.21}$$

$$C_3 = \frac{\lambda_\mathrm{p}\mu_\mathrm{p}}{\tanh(\mu_\mathrm{p}d_\mathrm{p})} + \frac{\lambda_\mathrm{G1}\mu_\mathrm{G1}}{\tanh(\mu_\mathrm{G1}d_\mathrm{G1})} + \frac{G_\mathrm{s}A_\mathrm{s}}{\tanh(\mu_\mathrm{p}d_\mathrm{p})} \tag{A.22}$$

$$W = \lambda_\mathrm{G1}\mu_\mathrm{G1}\coth(\mu_\mathrm{G1}d_\mathrm{G1}) + \frac{G_\mathrm{s}}{A_\mathrm{s}} \tag{A.23}$$

$$C_4 = \lambda_\mathrm{p}\mu_\mathrm{p}\tanh(\mu_\mathrm{p}d_\mathrm{p}) + W. \tag{A.24}$$

A.1.2 Laterale Wärmeleitung im pyroelektrischen Sensorchip

Für die Lösung der Wärmeleitungsgleichung (4.18) wird folgender Ansatz gewählt:

$$\underline{\Delta\hat{T}}_{\mathrm{i}}(r) = \frac{\hat{q}_{\mathrm{vi}}}{j\omega c'_{\mathrm{p}}} + A_{\mathrm{i}} \cdot I_0(\mu_{\mathrm{p}} r) + B_{\mathrm{i}} \cdot K_0(\mu_{\mathrm{p}} r). \tag{A.25}$$

Für das in Abb. 4.7 dargestellte laterale Wärmeleitungsmodell gelten folgende Randbedingungen:

$$r = 0 : \qquad \underline{\Delta\hat{T}}_1(r) \text{ ist definiert,} \tag{A.26}$$

$$r = r_1 : \qquad \underline{\Delta\hat{T}}_1(r) = \underline{\Delta\hat{T}}_2(r) \tag{A.27}$$

$$-\lambda A_{\mathrm{s}} \frac{d\underline{\Delta\hat{T}}_1(r)}{dr} = -\lambda A_{\mathrm{s}} \frac{d\underline{\Delta\hat{T}}_2(r)}{dr} \tag{A.28}$$

$$r = r_2 : \qquad \underline{\Delta\hat{T}}_2(r) = \underline{\Delta\hat{T}}_3(r) \tag{A.29}$$

$$-\lambda A_{\mathrm{s}} \frac{d\underline{\Delta\hat{T}}_2(r)}{dr} = -\lambda A_{\mathrm{s}} \frac{d\underline{\Delta\hat{T}}_3(r)}{dr} \tag{A.30}$$

$$r = r_3 : \qquad \underline{\Delta\hat{T}}_1(r) = 0. \tag{A.31}$$

Durch das Einsetzen von Gl. (A.25) ergibt sich das nachstehende Gleichungssystem:

$$B_1 = 0 \tag{A.32}$$

$$A_1 I_0(\mu_{\mathrm{p}} r_1) - A_2 I_0(\mu_{\mathrm{p}} r_1) - B_2 K_0(\mu_{\mathrm{p}} r_1) = \frac{q_{\mathrm{v2}} - q_{\mathrm{v1}}}{j\omega c'_{\mathrm{p}}} \tag{A.33}$$

$$A_1 \mu_{\mathrm{p}} I_1(\mu_{\mathrm{p}} r_1) - A_2 \mu_{\mathrm{p}} I_1(\mu_{\mathrm{p}} r_1) + B_2 \mu_{\mathrm{p}} K_1(\mu_{\mathrm{p}} r_1) = 0 \tag{A.34}$$

$$A_2 I_0(\mu_{\mathrm{p}} r_2) + B_2 K_0(\mu_{\mathrm{p}} r_2) - A_3 I_0(\mu_{\mathrm{p}} r_2) - B_3 K_0(\mu_{\mathrm{p}} r_2) = \frac{q_{\mathrm{v3}} - q_{\mathrm{v2}}}{j\omega c'_{\mathrm{p}}} \tag{A.35}$$

$$A_2 \mu_{\mathrm{p}} I_1(\mu_{\mathrm{p}} r_2) - B_2 \mu_{\mathrm{p}} K_1(\mu_{\mathrm{p}} r_2) - A_3 \mu_{\mathrm{p}} I_1(\mu_{\mathrm{p}} r_2) + B_3 \mu_{\mathrm{p}} K_1(\mu_{\mathrm{p}} r_2) = 0 \tag{A.36}$$

$$A_3 I_0(\mu_{\mathrm{p}} r_3) + B_3 K_0(\mu_{\mathrm{p}} r_3) = -\frac{q_{\mathrm{v3}}}{j\omega c'_{\mathrm{p}}} \tag{A.37}$$

mit

$$q_\mathrm{i} = \frac{q_\mathrm{vi}}{j\omega c'_\mathrm{p}} = \frac{\tau_\mathrm{F}\alpha\Phi_\mathrm{s}}{j\omega c'_\mathrm{p} d_\mathrm{p}} \tag{A.38}$$

und I_1, K_1 den modifizierten Besselfunktionen 1. Ordnung. Nach Auflösung des Gleichungssystems erhält man für die Konstanten:

$$B_1 = 0, \tag{A.39}$$

$$A_1 = \frac{q_\mathrm{v2} - q_\mathrm{v1}}{j\omega c'_\mathrm{p}} \frac{1}{I_0(\mu_\mathrm{p} r_1)} k_{13} - \frac{q_\mathrm{v2}}{j\omega c'_\mathrm{p}} \frac{1}{I_0(\mu_\mathrm{p} r_2)} k_{23}, \tag{A.40}$$

$$A_2 = \frac{q_\mathrm{v2} - q_\mathrm{v1}}{j\omega c'_\mathrm{p}} \frac{1}{I_0(\mu_\mathrm{p} r_1)} k_1 \frac{K_0(\mu_\mathrm{p} r_3)}{I_0(\mu_\mathrm{p} r_3)} - \frac{q_\mathrm{v2}}{j\omega c'_\mathrm{p}} \frac{1}{I_0(\mu_\mathrm{p} r_2)} k_{23}, \tag{A.41}$$

$$B_2 = -\frac{q_\mathrm{v2} - q_\mathrm{v1}}{j\omega c'_\mathrm{p}} \frac{1}{I_0(\mu_\mathrm{p} r_1)} k_1, \tag{A.42}$$

$$A_3 = \frac{K_0(\mu_\mathrm{p} r_3)}{I_0(\mu_\mathrm{p} r_3)} \left[\frac{q_\mathrm{v2} - q_\mathrm{v1}}{j\omega c'_\mathrm{p}} \frac{1}{I_0(\mu_\mathrm{p} r_1)} k_1 - \frac{q_\mathrm{v2}}{j\omega c'_\mathrm{p}} \frac{1}{I_0(\mu_\mathrm{p} r_2)} k_2 \right], \tag{A.43}$$

$$B_3 = -\frac{q_\mathrm{v2} - q_\mathrm{v1}}{j\omega c'_\mathrm{p}} \frac{1}{I_0(\mu_\mathrm{p} r_1)} k_1 + \frac{q_\mathrm{v2}}{j\omega c'_\mathrm{p}} \frac{1}{I_0(\mu_\mathrm{p} r_2)} k_2 \tag{A.44}$$

mit

$$k_1 = \frac{1}{\frac{K_1(\mu_\mathrm{p} r_1)}{I_1(\mu_\mathrm{p} r_1)} + \frac{K_0(\mu_\mathrm{p} r_1)}{I_0(\mu_\mathrm{p} r_1)}}, \tag{A.45}$$

$$k_2 = \frac{1}{\frac{K_1(\mu_\mathrm{p} r_2)}{I_1(\mu_\mathrm{p} r_2)} + \frac{K_0(\mu_\mathrm{p} r_2)}{I_0(\mu_\mathrm{p} r_2)}}, \tag{A.46}$$

$$k_{13} = \frac{\frac{K_0(\mu_\mathrm{p} r_3)}{I_0(\mu_\mathrm{p} r_3)} + \frac{K_1(\mu_\mathrm{p} r_1)}{I_1(\mu_\mathrm{p} r_1)}}{\frac{K_1(\mu_\mathrm{p} r_1)}{I_1(\mu_\mathrm{p} r_1)} + \frac{K_0(\mu_\mathrm{p} r_1)}{I_0(\mu_\mathrm{p} r_1)}}, \tag{A.47}$$

$$k_{23} = \frac{\frac{K_0(\mu_\mathrm{p} r_3)}{I_0(\mu_\mathrm{p} r_3)} + \frac{K_1(\mu_\mathrm{p} r_2)}{I_1(\mu_\mathrm{p} r_2)}}{\frac{K_1(\mu_\mathrm{p} r_2)}{I_1(\mu_\mathrm{p} r_2)} + \frac{K_0(\mu_\mathrm{p} r_2)}{I_0(\mu_\mathrm{p} r_2)}}. \tag{A.48}$$

Die Temperaturverteilung im Bereich 1 berechnet sich nach Gl. (4.19) durch Integration über die Fläche A_s [16].

A.1.3 Nulldimensionales Modell eines pyroelektischen Sensorchips

```
%Berechnung der Ausgangsspannung in Abhängigkeit von den
%thermischen und elektrischen Eigenschaften des Elementes.
%Yvonne Querner; TU Dresden,Fak.ET\&IT,IFE
%(Februar 2011)
%
clear all;
%
%---------------------Parameterdefinition:--------------------------------
w = 2*pi*10;               %Chopperfrequenz
%
E = 4;                     %Amplitude der Bestrahlungsstärke in W/m^2
%
c_air_spec = 1200;         %volum.-spezif. Wärmekap. von Luft in J/(K*m^3)
c_lita_spec = 3.2e6;       %volum.-spezif. Wärmekap. von LiTaO3 in J/(K*m^3)
c_unstr = 430;             %spezif. Wärmekap. von LiTaO3 (unstrukturiert)
%
rho_air = 1.2;             %Dichte von Luft in kg/m^$
rho_lita = 7450;           %Dichte von LiTaO3 in kg/m^$
lambda_lita = 4.2;         %Wärmeleitfähigkeit von LiTaO3 in W/(m*K)
%
l = 1e-3;                  %Elementgröße in mm
d_a = 6e-6;                %Elementdicke in \textmu m
d_p = 2e-6;                %Dicke des passiven Gebietes in \textmu m
%
A_steg = 250e-6*d_a;       %Querschnittsfläche des Steges in\textmu m^2
l_steg = 250e-6;           %Länge des Steges in \textmu m
%
%Füllung der Gruben
c_x_spec = c_air_spec;
rho_x = rho_air;
%electrical parameter
%
p = 1.7e-4;                %pyroelektrischer Koeffizient
e_0 = 8.854e-12;           %Epsilon_0
e_r = 43;                  %Epsilon_r
tan_d = 2e-4;              %tan(delta)
%
C_v = 2e-12;               %Eingangskapazität des Vorverstärkers
R_v = 3e11;                %Eingangswiderstand
%
a = [1e-6:1e-7:40e-6];     %Größe des aktiven Gebietes
s = [1e-6:1e-7:250e-6];    %Größe des passiven Gebietes
%
%------------------------Thermische Berechnung---------------------------
%
v_unstr = l^2*d_a;                          %unstrukturiertes Volumen
%
v_x = zeros(length(a),length(s));           %Volumen der ausgesparten Löcher
v_remain = zeros(length(a),length(s));      %verbleibendes Volumen des LiTaO3
%
%Bestimmen des entfernten Volumens
for i=1:length(a)
    for j=1:length(s)
        v_x(i,j) = (fix(((l-a(i))/(s(j)+a(i)))))^2*s(j)^2*(d_a - d_p);
    end
end
```

```
%Berechnung des verbleibenden LiTaO3-Volumens
v_remain = l^2*d_a - v_x;
%
%Bestimmung der äquivalenten Materialparameter
%
%Dichte des strukturierten Elementes
rho_str = (1/(v_unstr))*(v_remain*rho_lita + v_x*rho_x);
%spezif. Wärmekapazität des strukturierten Elementes
c_str = (1./(rho_str.*v_unstr)).*(v_remain.*c_lita_spec + v_x.*c_x_spec);
%Wärmeleitung zur Umgebung
G_thermal = 2*A_steg*lambda_lita/l_steg;
%Temperaturamplitude in K
Temp_ampl = (E.*l.^2)./(sqrt(G_thermal.^2 +
            (w.^2.*(rho_str.*c_str.*l.^2.*d_a).^2)));
%
%--------------------Elektrische Berechnungen-----------------------------
%
A = zeros(length(a),length(s));
%
for i=1:length(a)                %Bestimmung der effektiven Elektrodenfläche
    for j=1:length(s)
        A(i,j)=l^2-fix((l-a(i))/(s(j)+a(i)))^2*s(j)^2;
    end
end
%
C_p = e_0*e_r*A /d_a;            %Kapazität des Elementes
%
G = (1+w*C_p*R_v*tan_d)/(R_v);  %Leitwert (parallel)
C = C_p+C_v;                     %Kapazität (parallel)
%
OF = (A*p*w)./(sqrt(G.^2 + w^2.*C.^2));    %Transferfunktion
OF_max = max(max(OF));                     %Maximum der Transferfunktion
OF_norm = OF./OF_max;                      %normierte Transferfunktion
%
phi = E*l^2;                               %Strahlungsfluss
%
Sv = (OF.*Temp_ampl)./phi;                 %Empfindlichkeit
%
end
```

A.2 Numerische Modellierung eines pyroelektischen Sensorchips

A.2.1 Ansys®-Quellcode

```
/BATCH
/filname FEMstructure
!**************************************************************************
!
!       Thermische Simulation eines pyroelektrischen empfindlichen Elements
!       Elementgroesse: 1mm*1mm, Dicke=d, Struktur s*s, Chipoberflächen-
!       temperatur folgt direkt dem Temperaturverlauf des Strahlers, daher
!       keine Modellierung der Strahlung erforderlich
!
!       Yvonne Querner; TU Dresden,Fak.ET\&IT,IFE
!       (Februar 2011)
!
!**************************************************************************
!
!                       Variablenbelegung
!
!**************************************************************************
!
a=12e-6                 !Strukturabstand
s=77e-6                 !Strukturabmessung
!
d=6e-6                  !Dicke des Elements
tiefe=4e-6              !Tiefe der Ätzgruben, die mit Luft gefüllt sind;
!
ampl=4                  !Amplitude der Sinusschwingung
offset=0                !Offset
f=10                    !Frequenz
!
lamda=4.2               !Waermeleitfähigkeit in W/(m*K)
dichte=7450             !Dichte in kg/m^3
cp=430                  !spezifische Waermekapazität in J/(Kg*K)
!
temp_start=0            !Anfangstemperatur
!
m=2e-6                  !Elementlaenge für lange Kanten
n=0.5e-6                !Elementlaenge für kurze Kanten (Chipdicke)
!
!**************************************************************************
!
!                       Vorbereitung
!
!**************************************************************************
!
/PREP7
ET,1,SOLID70            !Elementtyp fuer Chip
!
!Materialparameter fuer pyroelektrisches Substrat
MP,KXX,1,4.2            !Wärmeleitfähigkeit in W/(m*K)
MP,C,1,430              !spezif. Wärmekapazität von LiTaO3 in J/kg/K
MP,DENS,1,7450          !Dichte in kg/m^3
MP,EMIS,1,0.62          !Emissionsgrad
```

```
!Geometrie
k,1,0,0,-tiefe              !Knoten definieren
k,2,0,a/2,-tiefe            !Aufbau einer Fläche bei z=-tiefe
k,3,0,s+a/2,-tiefe          !Unterteilung in verschiedene Flächen
k,4,0,s+a,-tiefe            !alle Flächen mit VDRAG zu z=-d extrudieren
!                           !Fläche um die Löcher zu z=0 extrudieren
k,5,a/2,0,-tiefe
k,6,a/2,a/2,-tiefe
k,7,a/2,s+a/2,-tiefe
k,8,a/2,s+a,-tiefe
!
k,9,a/2+s,0,-tiefe
k,10,a/2+s,a/2,-tiefe
k,11,a/2+s,s+a/2,-tiefe
k,12,a/2+s,s+a,-tiefe
!
k,13,a+s,0,-tiefe
k,14,a+s,a/2,-tiefe
k,15,a+s,s+a/2,-tiefe
k,16,a+s,s+a,-tiefe
!
k,17,0,0,-d
k,18,0,0,0
!
l,1,17                      !Linien zum Extrudieren
l,1,18
!
a,1,2,6,5                   !Flächen definieren
a,2,3,7,6
a,3,4,8,7
a,5,6,10,9
a,6,7,11,10
a,7,8,12,11
a,9,10,14,13
a,10,11,15,14
a,11,12,16,15
!
ASEL,ALL
VDRAG,ALL,,,,,,1            !alle Flächen zu z=-d extrudieren
!
ASEL,S,AREA,,1,4
ASEL,A,AREA,,6,9
!
VDRAG,ALL,,,,,,2            !Flächen um die Löcher zu z=0 extrudieren
!
LSEL,s,tan1,x,1             !Auswahl aller Linien in x-Richtung
LESIZE,ALL,m                !Unterteilung für meshen
!
LSEL,s,tan1,y,1             !Auswahl aller Linien in y-Richtung
LESIZE,ALL,m                !Unterteilung für meshen
!
LSEL,s,tan1,z,-1            !Auswahl aller Linien in z-Richtung
LESIZE,ALL,n                !Unterteilung für meshen
!
LSEL,s,tan1,z,1             !Auswahl aller Linien in z-Richtung
LESIZE,ALL,n                !Unterteilung für meshen
ALLS
VMESH,ALL
```

```
!***********************************************************************
!
!                              Solution
!
!***********************************************************************
!
/SOLU
!
TUNIF,temp_start                  !Anfangsbedingung: alle Knoten auf 0°
!
!Einstellungen fuer die transiente Analyse
!
ANTYPE,TRANS
OUTRES,ALL,ALL
AUTOTS,ON
!
TIME,0.1
AUTOTS,ON                         !0-> lineare Lastaufbringung
KBC,0
DELTIM,0.0002,0.0001,0.0002       !Zeitschritte
!NSUBST,100,100,90
!
NSEL,S,LOC,Z,-d                   !kein Waermestrom in Umgebung
NSEL,A,LOC,X,0
NSEL,A,LOC,X,s+a
NSEL,A,LOC,Y,0
NSEL,A,LOC,Y,s+a
SF,ALL,HFLUX,0
ALLS
!
!Def. der Cosinusfunktion
!
*DEL,_FNCNAME
*DEL,_FNCMTID
*DEL,_FNC_C1
*DEL,_FNC_C2
*DEL,_FNCCSYS
*SET,_FNCNAME,'cos_fct'
*DIM,_FNC_C1,,1
*DIM,_FNC_C2,,1
*SET,_FNC_C1(1),ampl
*SET,_FNC_C2(1),f
*SET,_FNCCSYS,0
*DIM,%_FNCNAME%,TABLE,6,8,1,,,,%_FNCCSYS%
!
! Begin of equation: A*cos(2*{PI}*f*{TIME})
*SET,%_FNCNAME%(0,0,1), 0.0, -999
*SET,%_FNCNAME%(2,0,1), 0.0
*SET,%_FNCNAME%(3,0,1), %_FNC_C1(1)%
*SET,%_FNCNAME%(4,0,1), %_FNC_C2(1)%
*SET,%_FNCNAME%(5,0,1), 0.0
*SET,%_FNCNAME%(6,0,1), 0.0
*SET,%_FNCNAME%(0,1,1), 1.0, -1, 0, 2, 0, 0, 0
*SET,%_FNCNAME%(0,2,1), 0.0, -2, 0, 3.14159265358979310, 0, 0, -1
*SET,%_FNCNAME%(0,3,1),   0, -3, 0, 1, -1, 3, -2
*SET,%_FNCNAME%(0,4,1), 0.0, -1, 0, 1, -3, 3, 18
*SET,%_FNCNAME%(0,5,1), 0.0, -2, 0, 1, -1, 3, 1
*SET,%_FNCNAME%(0,6,1), 0.0, -1, 10, 1, -2, 0, 0
```

```
*SET,%_FNCNAME%(0,7,1), 0.0, -2, 0, 1, 17, 3, -1
*SET,%_FNCNAME%(0,8,1), 0.0, 99, 0, 1, -2, 0, 0
! End of equation: A*cos(2*{PI}*f*{TIME})
!
ASEL,S,AREA,,47
ASEL,A,AREA,,51
ASEL,A,AREA,,55
ASEL,A,AREA,,59
ASEL,A,AREA,,5
ASEL,A,AREA,,63
ASEL,A,AREA,,67
ASEL,A,AREA,,71
ASEL,A,AREA,,74
!
!
NSLA,S,1
SF,ALL,HFLUX,%cos_fct%          !Waermestromdichte folgt sinusverlauf
ALLSEL
!
!*****************************************************************************
!
!                         Solve
!
!*****************************************************************************
!
SOLVE
FINISH
!
```

A.2.2 LT Spice-Modell eines pyroelektrischen Zeilenchips

Tab. A.1: Ermittelte Werte der Temperaturamplituden aus dem thermischen Netzwerkmodell (siehe Abb. 5.1) (LT Spice) für unterschiedliche Abstände d der angeregten Elemente und Berechnung der thermischen Verstärkung durch Vergleich der Temperaturamplituden.

Abstand in µm	Frequenz in Hz	$T(x=0)_{\Delta\Phi_1}$ in mK	$T(x=\frac{d}{2})_{(\Delta\Phi_1+\Delta\Phi_2)}$ in mK	$\frac{T}{T_0}$
100	1	411,26	801,05	1,95
	2	283,79	552,23	1,95
	5	132,20	255,47	1,93
	10	69,34	130,85	1,89
200	1	278,28	512,44	1,84
	2	186,03	339,59	1,83
	5	88,80	152,93	1,72
	10	52,85	77,77	1,47
300	1	220,41	373,23	1,69
	2	147,97	242,87	1,64
	5	77,94	107,99	1,39
	10	53,69	54,48	1,01
400	1	191,18	290,87	1,52
	2	131,68	187,25	1,42
	5	77,60	82,47	1,06
	10	56,35	41,03	0,73
500	1	175,66	236,14	1,34
	2	125,32	150,87	1,20
	5	79,82	65,75	0,82
	10	57,47	31,98	0,56
600	1	167,42	196,79	1,18
	2	123,54	125,02	1,01
	5	81,68	53,77	0,66
	10	57,64	25,27	0,44

Anhang B: Bilder strukturierter Einelementchips

B.1 REM-Aufnahmen

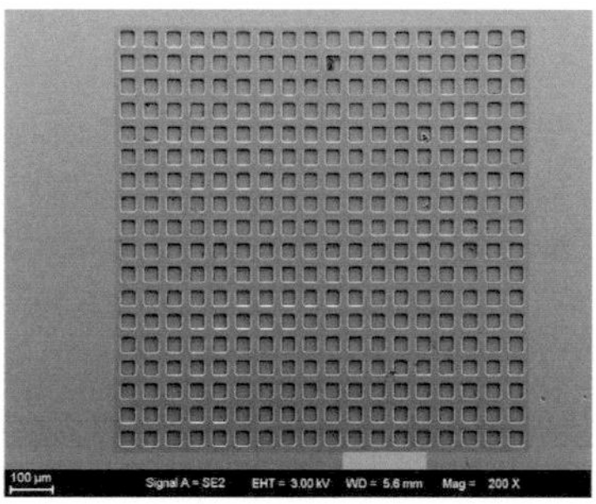

(a) $s = 39$ µm, $a = 15$ µm

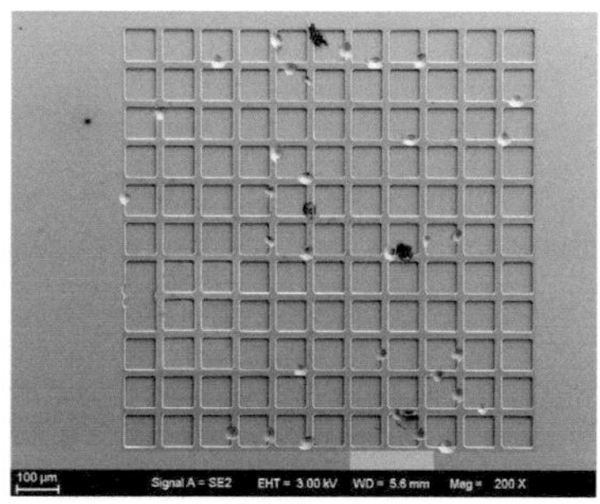

(b) $s = 77$ µm, $a = 12$ µm.

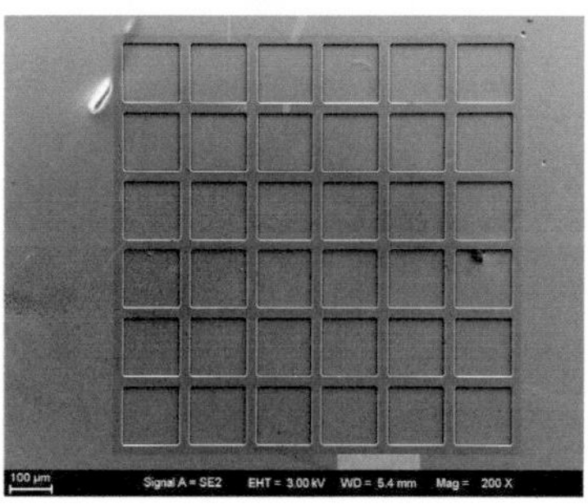

(c) $s = 140$ µm, $a = 20$ µm

(d) $s = 230$ µm, $a = 14$ µm.

Abb. B.1: REM-Aufnahmen von Sensorchips mit unterschiedlichen Strukturgrößen s und a in der empfindlichen Fläche (vgl. Abb. 3.2).

B.2 Kontaktierte Einelementchips

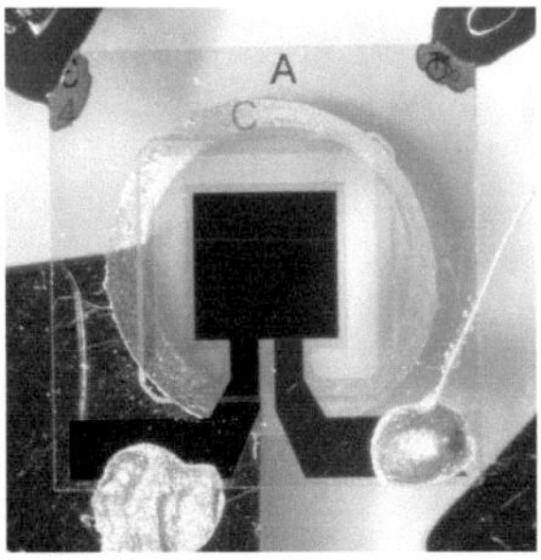

(a) Ohne Strukturierung mit Layout 2.

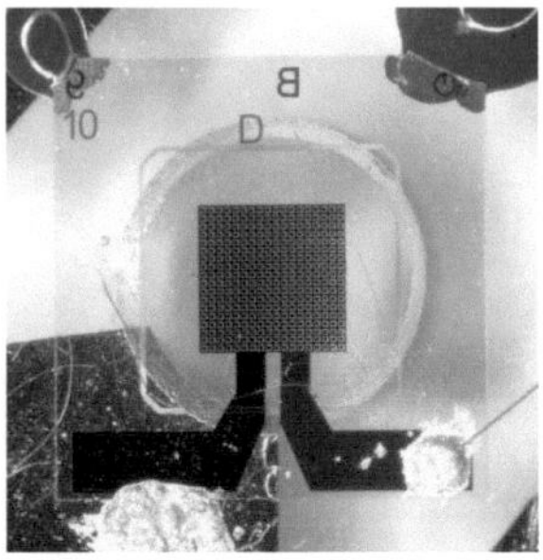

(b) $s = 39$ µm, $a = 15$ µm, mit Layout 1.

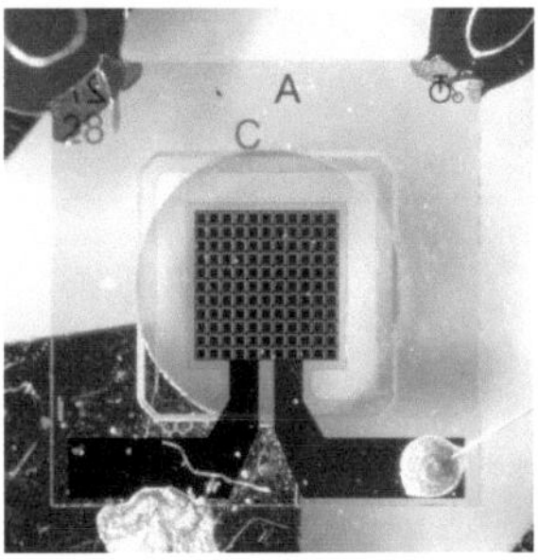

(c) $s = 77$ µm, $a = 12$ µm, mit Layout 2.

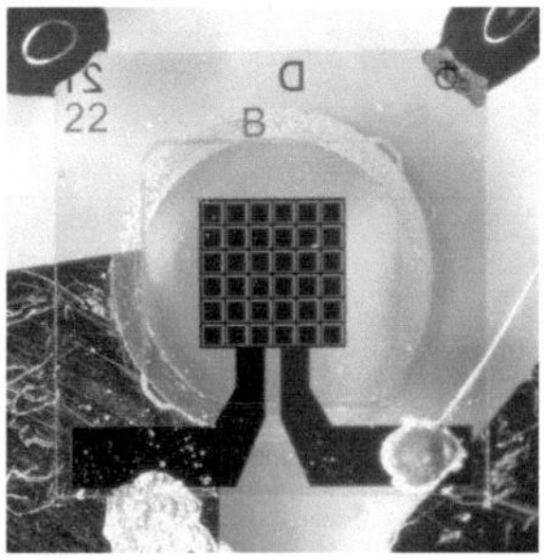

(d) $s = 140$ µm, $a = 20$ µm, mit Layout 1.

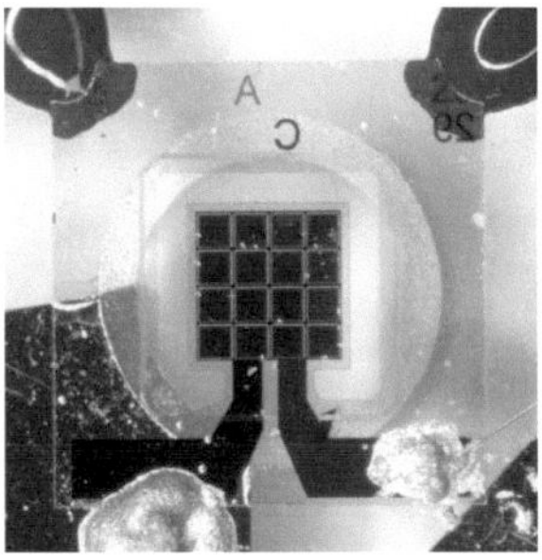

(e) $s = 140$ µm, $a = 20$ µm, mit Layout 2.

Abb. B.2: Mikroskop-Aufnahmen von auf Plastronden kontaktierten, strukturierten Einelementsensoren mit unterschiedlich großen Ätzstrukturen (vgl. Abb. 3.1).

Literaturverzeichnis

[1] GERLACH, G. ; BUDZIER, H.: *Thermische Infrarotsensoren: Grundlagen für Anwender.* Wiley VCH Verlag GmbH, 2010. – ISBN 9783527409600

[2] KARASIKOV, N. ; ROITBERG, M. B.: Thermal versus quantum room temperature infrared detectors. In: *Infrared Phys.* 21 (1981), S. 333–335

[3] MOSS, T. S.: Infrared detectors. In: *Infrared Phys.* 16 (1976), S. 29–36

[4] NORKUS, V. ; CHVEDOV, D. ; GERLACH, G. ; KÖHLER, R.: Performance improvements for pyroelectric infrared detectors. In: *Proc. SPIE* Bd. 6206, 2006, S. 62062X

[5] NORKUS, V. ; SCHULZE, A. ; GERLACH, G.: *Pyroelektrischer Detektor.* Patentnummer DE 10 2009 009 342 B3, 2009

[6] LIU, S. T. ; LONG, D.: Pyroelectric detectors and materials. In: *Proc. IEEE* 66 (1978), Nr. 1, S. 14–26

[7] HOFMANN, G.: *Pyroelektrische Strahlungssensoren*, Technische Universität Dresden, Dissertation, 1983

[8] HOFMANN, G. ; NEUMANN, N.: Spannungs- und Strombetrieb pyroelektrischer Detektoren. In: *Experimentelle Technik der Physik* 29 (1981), S. 267–272

[9] DETEKTOR-HANDBUCH DER FIRMA INFRATEC: *http://www.infratec.de/fileadmin/media/Sensorik/pdf/Application_Detector_Basics.pdf.* (24.03.2012)

[10] WALTHER, L. ; GERBER, D.: *Infrarotmesstechnik.* Verlag Technik, 1983

[11] SCHOSSIG, M.: Ultradünne, freitragende Lithiumtantalat-Elemente für hochdetektive Infrarotsensoren. In: Gerlach, G. (Hrsg.): Dresdner Beiträge zur Sensorik Bd. 44, TUDpress (Verlag der Wissenschaften), 2012

[12] ELBEL, T.: Miniaturized thermoelectric radiation sensors covering a wide range with respect to sensitivity or time constant. In: *Sens. Actuators A* 25-27 (1991), S. 653–656

[13] ELBEL, T.: Miniaturized thermoelectric radiation sensor. In: *Sensors Mater.* 3 (1991), S. 97–109

[14] LOGAN, R. M.: Calculation of temperature distribution and temperature noise in a pyroelectric detector - II. evacuated tube. In: *Infrared Phys.* 13 (1973), S. 91–98

[15] SCHOSSIG, M.: *Eigenschaften pyroelektrischer Sensoren bei niedrigen Modulationsfrequenzen*, Technische Universität Dresden, Studienarbeit, 2005

[16] NEUMANN, N.: *Pyroelektrische Strahlungssensoren auf der Basis modifiziertem Triglycinsulfat*, Technische Universität Dresden, Dissertation, 1991

[17] MÖHLING, S.: *Pyroelektrische Hochdetektivitätssensoren auf der Basis von* $LiTaO_3$, Technische Universität Dresden, Dissertation, 1994

[18] VAN DER ZIEL, A.: Noise sources in pyroelectric radiation detectors. In: *Physica* 61 (1972), S. 589–593

[19] SMITH, R. A. ; JONES, F. E. ; CHASMAR, R. P.: *The detection and measurement of Infrared radiation.* Oxford: Clarendon Press, 1958

[20] DERENIAK, E. L. ; CROWE, D. G.: *Optical radiation detectors.* Wiley, 1984. – ISBN 9780471897972

[21] HÖRNEL, N.: *Physikalische Ursachen und Wirkung von Rauschquellen in Sperrschicht -Feldeffekttransistoren*, LMU München: Fakultät für Physik, Dissertation, 2002

[22] STAHL, K. ; MIOSGA, G.: *Infrarottechnik.* 2. Auflage. Heidelberg: Hüthig Verlag, 1986

[23] SHVEDOV, D.: *Beschleunigungsempfindlichkeit pyroelektrischer Sensoren*, Technische Universität Dresden, Dissertation, 2007

[24] SCANLON, T.: IR thermographic cameras are moving into new areas. In: *Photonics Spectra* (January 2004), S. 96–98

[25] WOLFE, W. L. (Hrsg.): *The infrared handbook.* Washington, DC : Office of Naval Research, Department of the Navy, 1989

[26] PUTLEY, E. H.: Temperature noise in pyroelectric detectors. In: *Infrared Phys.* 18 (1978), S. 373–374

[27] VAN DER ZIEL, A. ; VAN VLIET, K. M.: Temperature fluctuation noise in thin pyroelectric films. In: *Ferroelectrics* 28 (1980), S. 365–368

[28] SHAW, C. P. ; WHATMORE, R. W. ; ALCOCK, J. R.: Porous, functionally gradient pyroelectric materials. In: *J. Am. Ceram. Soc.* 90 (2007), Nr. 1, S. 137–142

[29] SRINIVASAN, M. R.: Pyroelectric materials. In: *Bull. Mater. Sci.* 6 (1984), Nr. 2, S. 317–325

[30] BEERMAN, H. P.: Investigation of pyroelectric material characteristics for improved infrared detector performance. In: *Infrared Phys.* 15 (1975), S. 225–231

[31] HAMMES, P. C. A. ; REGTIEN, P. P. L.: An integrated infrared sensor using the pyroelectric polymer PVDF. In: *Sens. Actuators A* 32 (1992), S. 396–402

[32] MADER, G. ; MEIXNER, H.: Pyroelectric infrared sensor arrays based on the polymer PVDF. In: *Sens. Actuators A* 22 (1989), S. 503–507

[33] KAO, M.C. ; CHEN, H. Z. ; YANG, S. L. ; CHEN, Y. C. ; HSIEH, P. T. ; YU, C. C.: Pyroelectric Ta-modified $LiNbO_3$ thin films and devices for thermal infrared detection. In: *Thin Solid Films* 516 (2008), Nr. 16, S. 5518–5522

[34] WHATMORE, R. W. ; WATTON, R. ; CAPPER, P. (Hrsg.) ; ELLIOTT, C. T. (Hrsg.): *Infrared detectors and emitters: materials and devices.* Boston: Kluwer Academic Publishers, 2001. – S. 99–148

[35] GLASS, A. M.: Dielectric, thermal, and pyroelectric properties of ferroelectric $LiTaO_3$. In: *Phys. Rev.* 172 (1968), Nr. 2, S. 564–571

[36] PUTLEY, E. H.: The possibility of background limited pyroelectric detectors. In: *Infrared Phys.* 20 (1980), S. 149–156

[37] WU, S-Y.: Effects of the substrate in the response of pyroelectric detectors. In: *IEEE Trans. on Electron Devices* 27 (1980), S. 88–91

[38] ZOOK, J. D. ; LIU, S. T.: Pyroelectric effects in thin films. In: *J. Appl. Phys.* 49 (1978), Nr. 8, S. 4604–4606

[39] NORKUS, V. ; GERLACH, G. ; HOFMANN, G.: Process technologies for highresolution infrared detectors based on $LiTaO_3$. In: *Proc. SPIE* Bd. 3892 (1999), S. 233–240

[40] ROUNDY, C. B. ; BYER, R. L.: Sensitive $LiTaO_3$ pyroelectric detector. In: *J. Appl. Phys.* 44 (1973), S. 929

[41] DIAS INFRARED GMBH (Hrsg.): *Pyroelektrischer Infrarot-Einelementsensor für Messtechnik-Applikationen.* Gostritzer Straße 65, 01217 Dresden: DIAS Infrared GmbH

[42] NORKUS, V. ; HOFMANN, G. ; MOEHLING, S. ; BUDZIER, H.: Pyroelectric IR single-element detectors and arrays based on $LiNbO_3$ and $LiTaO_3$. In: *Proc. SPIE* Bd. 1685 (1992), S. 155–163

[43] STOKOWSKI, S. E. ; VENABLES, J. D. ; BYER, N. E. ; ENSIGN, T. C.: Ion-beam milled, high-detectivity pyroelectric detectors. In: *Infrared Phys.* 16 (1976), S. 331–334

[44] MURALT, P.: Micromachined infrared detectors based on pyroelectric thin films. In: *Rep. Prog. Phys.* 64 (2001), S. 1339–1388

[45] SOKOLL, T.: Hochauflösende pyroelektrische Zeilensensoren auf der Basis von Lithiumtantalat. In: Gerlach, G. (Hrsg.): Dresdner Beiträge zur Sensorik Bd. 11, Dresden: w.e.b. Universitätsverlag, 2000

[46] STOKOWSKI, S. E. ; BYER, N. E.: Temperature noise-limited pyroelectric detectors. In: *International Electron Devices Meeting* Bd. 22 (1976), S. 555–558

[47] VAN DER ZIEL, A.: Pyroelectric response and D* of thin pyroelectric films on a substrate. In: *J. Appl. Phys.* 44 (1973), S. 546

[48] ZIGON, B. ; LAVRENCIC, B.B.: Pyroelectric thin-film detector performance. In: *Sens. Actuators A* 36 (1993), S. 167

[49] KANG, Q. ; ZHANG, L. ; YAO, X.: Heat flow and detectivity of multilayer thin-film pyroelectric detector. In: *Jpn. J. Appl. Phys.* 35 (1996), Nr. 4A, S. 2205–2209

[50] BLACKBURN, H. ; WRIGHT, H. C.: Thermal analysis of pyroelectric detectors. In: *Infrared Phys.* 10 (1970), S. 191–197

[51] LOGAN, R. M. ; MOORE, K.: Calculation of temperature distribution and temperature noise in a pyroelectric detector - I. gas-filled tube. In: *Infrared Phys.* 13 (1973), S. 37–47

[52] LIENHARD, D. ; PLOSS, B.: A matrix formalism for the simulation of pyroelectric sensors. In: *J. Appl. Phys.* 77 (1995), Nr. 10, S. 5426–5433

[53] WATTON, R.: Thermal properties of reticulated layers: Analytical solutions and design parameters. In: *Infrared Phys.* 18 (1978), S. 73–87

[54] LI, L. ; ZHANG, L. ; YAO, X. ; LI, B.: Computer simulation of temperature field of multilayer pyroelectric thin film IR detector. In: *Ceramics International* 30 (2004), S. 1847–1850

[55] HÄUSLER, C. ; MILDE, G. ; BALKE, H. ; BAHR, H. ; GERLACH, G.: 3-D Modeling of pyroelectric sensor arrays part I: multiphysics finite-element simulation. In: *IEEE Sensors Journal* 8 (2008), Nr. 12, S. 2080–2087

[56] TEOWEE, G. ; UHLMANN, D. R.: Modeling of a thin film pyroelectric pixel: Transient results. In: *Integrated Ferroelectrics* 22 (1998), S. 421–429

[57] HU, C. ; FANG, S. X. D. X. Du: Multiple scattering of thermal waves from a subsurface spheroid in exponentially graded materials based on non-Fourier's model. In: *Infrared Phys. & Technol.* 50 (2007), S. 70–77

[58] HADNI, A. ; GERBAUX, X.: Infrared and millimeter wave absorber structures for thermal detectors. In: *Infrared Phys.* 30 (1990), S. 465–478

[59] M. AHN, M. ; HAN, Y. ; MOON, S.: A novel infrared absorbing structure for uncooled infrared detector. In: *Appl.Phys.* 7 (2007), S. 617–621

[60] SILBERG, P. A.: Infrared absorption of three-layer films. In: *J. Opt. Soc. Am.* 47 (1957), Nr. 7, S. 575–578

[61] MARÍN, E. ; GARCÍA, A. ; JUÁREZ, G. ; BERMEJO-ARENAS, J. A. ; CALDERÓN, A. ; IVANOV, R. ; CRUZ-OREA, A.: On the heating modulation frequency dependence of the photopyroelectric signal in experiments for liquid thermal characterisation. In: *Infrared Phys. & Technol.* 54 (2011), S. 449–453

[62] BENNETT, C. A. ; PATTY, R. R.: Thermal wave interferometry: a potential application of the photoacoustic effect. In: *Appl. Opt.* 21 (1982), Nr. 1, S. 49–54

[63] McDonald, F. A.: Photoacoustic effect and the physics of waves. In: *Am. J. Phys.* 48 (1980), Nr. 1, S. 41–47

[64] Querner, Y. ; Norkus, V. ; Gerlach, G.: High-sensitive pyroelectric detectors with internal thermal amplification. In: *Sens. Actuators A* 172 (2011), Nr. 1, S. 169–174

[65] Groth, C. ; Müller, G.: *FEM für Praktiker - 3 : Temperaturfelder: Basiswissen und Arbeitsbeispiele zu FEM-Anwendungen der Temperaturfeldberechnung - Lösungen mit dem Programm ANSYS 5.5.* 3. aktualisierte Aufl. Renningen-Malmsheim : expert-Verl., 2000 (Edition expertsoft)

[66] Pei-bai, Z.: *Numerical Analysis of Electromagnetic Fields.* Springer Verlag, Berlin, Heidelberg, New York 1993

[67] Lehner, G.: *Elektromagnetische Feldtheorie für Ingenieure und Physiker.* 4. Aufl. Springer Verlag, Berlin, Heidelberg, New York 2003

[68] Sommer, Ch. ; Sormann, H. ; Kernbichler, W.: *Temperaturverteilung auf einer homogenen Platte.* http://itp.tugraz.at/MML/temperatur/temperaturverteilung.pdf (26.03.2012), 2002

[69] Kröger, R. ; Unbehauen, R.: *Elektrodynamik.* 3., vollst. überarb. u, erw. Auflage. B.G. Teubner, Stuttgart 1993

[70] Müller, G.: *FEM für Praktiker - 1 : Grundlagen.* 5., aktualisierte Aufl. Renningen-Malmsheim : expert-Verl., 2000 (Edition expertsoft)

[71] Schulze, A.: *Untersuchung von thermischen Effekten in pyroelektrischen Infrarotsensoren*, Technische Universität Dresden, Diplomarbeit, 2008

[72] Neumann, N. ; Möhling, S.: The influence of heat exchange between a sensitive element and its surroundings on the specific detectivity of pyroelectric detectors. In: *Infrared Phys.* 34 (1993), Nr. 5, S. 487–499

[73] Carslaw, Horatio S. ; Jaeger, J. C. ; Carslaw, H. S.: *Conduction of Heat in Solids.* Second. Oxford Univ. Pr., 1986. – ISBN 0198533683

[74] Holeman, B. R.: Sinusoidally modulated heat flow and the pyroelectric effect. In: *Infrared Phys.* 12 (1972), S. 125–135

[75] Myers, G.: *Analytical methods in conduction heat transfer.* New York : McGraw-Hill, 1971. – ISBN 9780070442153

[76] QUERNER, Y.: *Absorptionsschichten für pyroelektrische Infrarotsensoren*, Technische Universität Dresden, Diplomarbeit, 2008

[77] LAKESTANI, F. ; SALERNO, A. ; VOLCAN, A.: Modulated spot heating for the measurement of thermal diffusivity. In: *J. Appl. Phys.* 97 (2005), Januar, Nr. 1, 013704. `http://dx.doi.org/10.1063/1.1828217`. – DOI 10.1063/1.1828217. – ISSN 00218979

[78] WALTHER, L.: Fortschritte der Infrarot-Messtechnik. In: Gerlach, G. (Hrsg.): Dresdner Beiträge zur Sensorik Bd. 15, Dresden: w.e.b. Universitätsverlag, 2001

[79] QUERNER, Y. ; NORKUS, V. ; SCHOSSIG, M. ; GERLACH, G.: *Pyroelektrischer Detektor mit strukturierter Absorptionsschicht.* Patentnummer DE 10 2009 008 249 B3, 2009

[80] NORKUS, V.: Pyroelektrische Infrarotsensoren auf der Basis von Lithiumtantalat: Stand und Perspektiven. In: Gerlach, G. (Hrsg.): Fortschritte der Infrarotmesstechnik Bd.15, Dresden: w.e.b. Universitätsverlag, 2001, S. 55-66

[81] DATENBLATT AZ4562 DER FIRMA MICROCHEMICALS: *http://www.microchemicals.de/micro/az_4500_series.pdf.* (20.02.2012)

[82] ZHONG, W.: *Entwicklung der Technologie zur Herstellung stabiler Lackmasken für das Ionenstrahl-Ätzen*, Technische Universität Dresden, Studienarbeit, 2010

[83] NANOFOCUS AG: *http://www.nanofocus.de/fileadmin/user_upload/download/Produkte/Datenblaetter/NanoFocus_usurfbasicD_290410_web.pdf.* (20.02.2012)

[84] NORKUS, V.: *Beiträge zur Entwicklung pyroelektrischer Infrarot-Sensoren mit hoher spezifischer Detektivität auf der Basis von ionenstrahlgeätztem Lithiumniobat*, Technische Universität Dresden, Dissertation, 1984

[85] SOKOLL, T. ; NORKUS, V. ; GERLACH, G.: Ion beam etching of lithium tantalate and its application for pyroelectric linear arrays. In: *Surf. Coat. Technol.* 97 (1997), S. 469–474

[86] SCHOSSIG, M.: *Optical Absorption Layers for Infrared Radiation.* Springer-Verlag Berlin Heidelberg, In: Bio and Nano Packaging Techniques for Electron Devices, 2012

[87] BUDZIER, H.: *Zur räumlichen und thermischen Auflösung mehrdimensionaler, pyroelektrischer Strahlungssensoren*, Technische Universität Dresden, Diss., 1987

[88] LINEAR TECHNOLOGY CORPORATION (LTC): *http://www.linear.com/designtools/software/#Spice.* (14.05.2012)

[89] BÖHM, M.: *Entwicklung und Aufbau eines Versuchsmessplatzes zur Untersuchung von thermischen Interferenzeffekten*, Studienarbeit, 2011

[90] BRONSTEIN, I. N. ; SEMENDJAJEW, K. A. ; MUSIOL, G. ; MÜHLIG, H.: *Taschenbuch der Mathematik.* 4. überarbeitete Auflage. 2000

Liste der Veröffentlichungen

Aufsätze in Zeitschriften:

1. Querner, Y., Norkus, V., Gerlach, G.: High-sensitive pyroelectric detectors with internal thermal amplification. In: *Sens. Actuators A* 172 (2011), Nr. 1, S. 169-174

Aufsätze in Tagungsbänden:

1. Querner, Y., Norkus, V., Gerlach, G.: The Use of Thermal Effects for Increasing the Responsivity of Pyroelectric Detectors. In: *Proc. IEEE Sensors Conference,* 2011, Limerick, Ireland, S. 853-856

2. Querner, Y., Norkus, V., Gerlach, G.: Internal thermal amplification for increasing the responsivity of pyroelectric detectors. In: *Proc. IRS*^{2}*, 12th International Conference and Exhibition on Infrared Sensors and Systems,* 2011, Nürnberg, Germany, S. 30-35

3. Querner, Y., Schulze, A., Norkus, V., Gerlach, G.: High-sensitive pyroelectric detectors with internal thermal amplification. In: *Proc. of Eurosensors XXIV Conference,* 2010, Linz, Austria, S. 629-632

4. Querner, Y., Norkus, V., Gerlach, G.: Patterned absorption layers for pyroelectric detectors with higher sensitivity. In: *Proc. IRS*^{2}*, 11th International Conference and Exhibition on Infrared Sensors and Systems,* 2009, Nürnberg, Germany, S. 285-288

Patente:

1. Querner, Y., Norkus, V., Schossig, M., Gerlach, G.: *Pyroelektrischer Infrarotsensor mit strukturierter Absorptionsschicht.* Erteiltes Patent DE 10 2009 008249 B3, 2009

Curriculum Vitae

Yvonne Anne Querner
Geboren am 01. Oktober 1982 in Dresden

Ausbildung

03/2008 - 05/2012	Doktorandin am Institut für Festkörperelektronik der Technischen Universität Dresden
09/2005 - 06/2006	Auslandsstudium an der Queen Mary University of London, Großbritannien
10/2001 - 02/2008	Technische Universität Dresden, Studium der Elektrotechnik mit der Vertiefung Mikroelektronik, Abschluss als Diplom-Ingenieur
06/2001	Abitur am Humboldt-Gymnasium, Radeberg

Beruflicher Werdegang

03/2008 - 05/2012	Wissenschaftliche Mitarbeiterin am Institut für für Festkörperelektronik der TU Dresden
01/2009 - 05/2012	Promotionsbegleitender Studiengang an der TU Dresden, Fakultät Elektrotechnik und Informationstechnik, Promotionsthema: „Empfindlichkeitssteigerung bei pyroelektrischen Infrarotsensoren durch interne thermische Verstärkung“
05/2007 - 02/2008	Diplomarbeit am Institut für Festkörperelektronik der TU Dresden, Thema: “Absorptionsschichten für pyroelektrische Infrarotsensoren“